# 기초일반화학

## Fundamentals of General Chemistry

이 인 수 · 著

에듀컨텐츠·휴피아

# 목차

## I. 화학의 기초용어 — 3
1. 원자와 분자   3
2. 원소와 화합물   4
3. 원소 기호와 화학식   5
§ HOME WORK   7
§ LECTURE NOTE   8
§ REVIEW EXERCISES   10

## II. 화학식량과 몰 — 13
1. 원자량과 분자량   13
2. 몰과 아보가드로의 수   14
3. 몰 질량과 몰 부피   15
4. 화합물의 조성   16
§ HOME WORK   18
§ LECTURE NOTE   19
§ REVIEW EXERCISES   21

## III. 화학 반응식 — 23
1. 화학 반응식   23
2. 화학 반응식으로부터 얻을 수 있는 정보   25
3. 화학양론   26
§ HOME WORK   28
§ LECTURE NOTE   29
§ REVIEW EXERCISES   33

## IV. 원자의 구조 — 35
1. 원자를 구성하는 입자   35
2. 원자 번호와 질량수   38
§ HOME WORK   45
§ LECTURE NOTE   46
§ REVIEW EXERCISES   50

## V. 원자 모형과 전자 배치 ___ 51
1. 수소의 선 스펙트럼과 보어 모 ▯ 51
2. 현대 원자 모형과 전자 배치 ▯ 54
§ HOME WORK ▯ 59
§ LECTURE NOTE ▯ 60
§ REVIEW EXERCISES ▯ 63

## VI. 주기율과 원소 ___ 65
1. 주기율과 주기율표 ▯ 65
2. 원소의 분류 ▯ 66
3. 전자 배치와 주기율 ▯ 66
4. 원소의 주기적 성질 ▯ 67
§ HOME WORK ▯ 72
§ LECTURE NOTE ▯ 73
§ REVIEW EXERCISES ▯ 76

## VII. 화학결합 ___ 77
1. 이온 결합 ▯ 77
2. 공유 결합 ▯ 80
3. 분자의 구조 ▯ 84
4. 분자의 극성 ▯ 86
§ HOME WORK ▯ 90
§ LECTURE NOTE ▯ 91
§ REVIEW EXERCISES ▯ 98

## VIII. 산화-환원과 산과 염기 ___ 101
1. 산화와 환원 ▯ 101
2. 산과 염기 ▯ 104
3. 중화반응 ▯ 106
§ HOME WORK ▯ 108
§ LECTURE NOTE ▯ 109
§ REVIEW EXERCISES ▯ 112

## ■ 부록 ___ 115

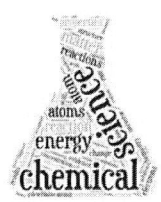

# 기초일반화학

## Fundamentals of General Chemistry

이 인 수 · 著

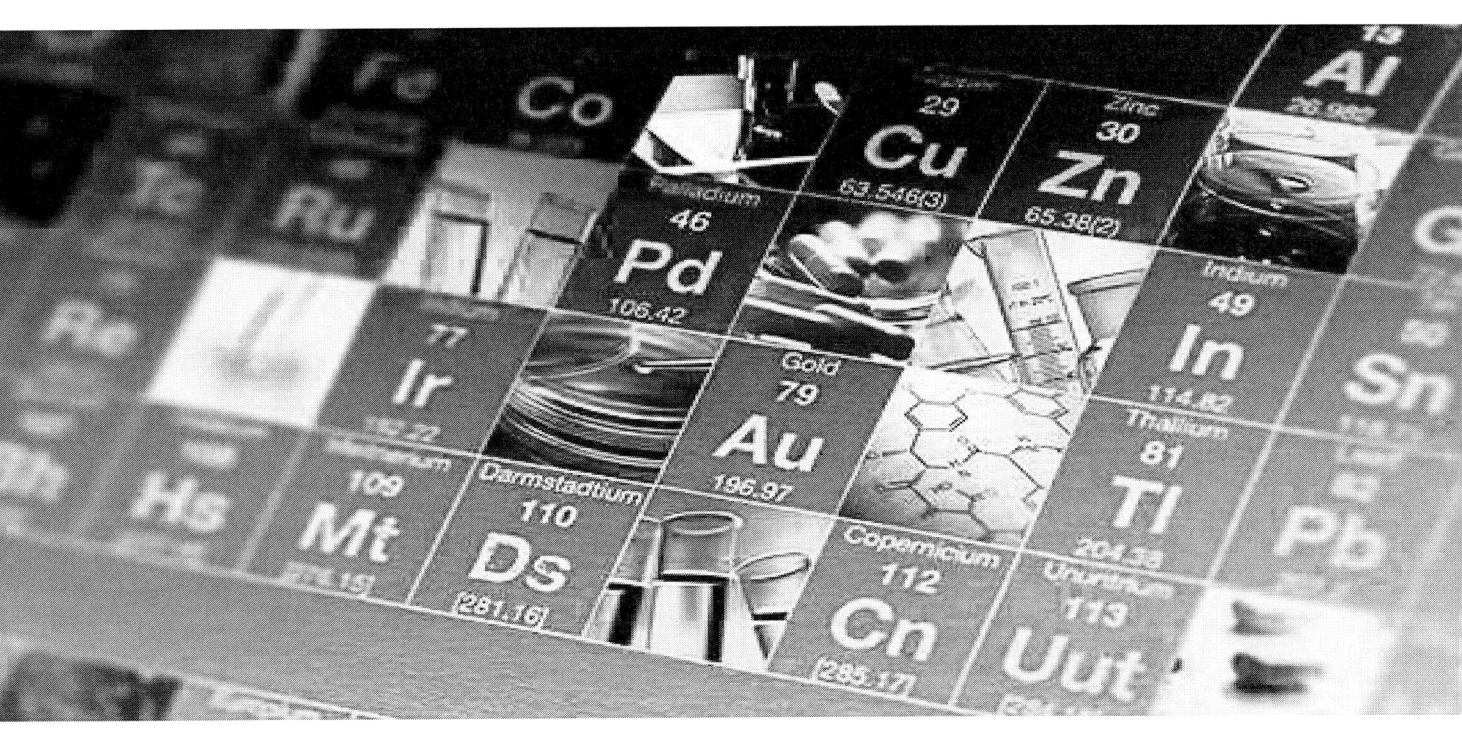

에듀컨텐츠·휴피아
CH Educontents Huepia

# I. 화학의 기초용어

## 1. 원자와 분자

화학반응은 인류 문명의 발전에 많은 기여를 했으며, 인간의 생명을 유지하는 데에도 중요한 역할을 한다. 이러한 화학반응에는 광합성과 호흡이 대표적이다.

광합성은 태양 에너지를 활용하여 영양분(포도당)을 합성하는 화학반응으로 식물의 잎에 존재하는 엽록체가 빛에너지를 이용하여 물과 이산화탄소를 포도당으로 전환시킨다. 즉, 식물은 광합성을 통해 빛에너지를 화학 에너지로 전환하여 저장한다.

호흡은 포도당과 같은 영양분을 분해하여 에너지를 발생시키는 과정으로 세포 내에서 포도당은 산소와 반응하여 물과 이산화탄소로 변하고, 이때 방출되는 에너지를 생물은 생명활동을 위해 사용한다.

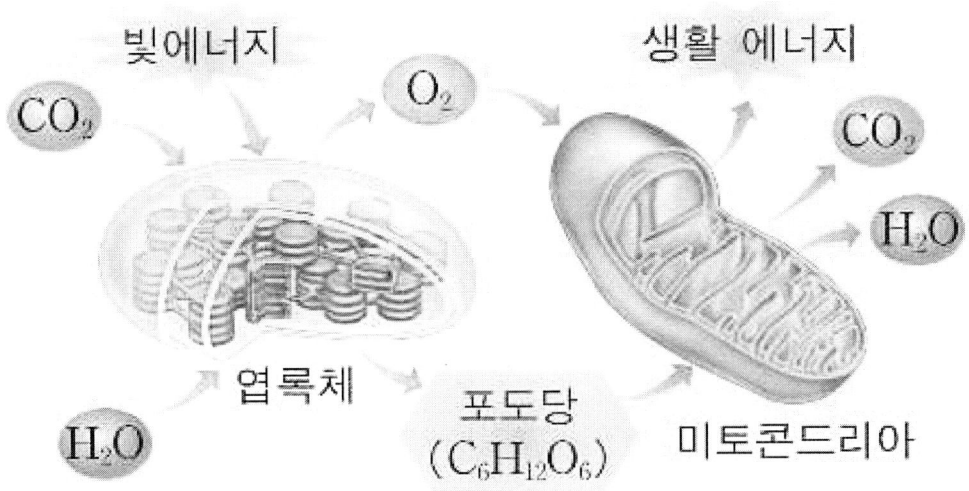

광합성을 통해 생성되는 산소는 색과 냄새가 없으며, 생물의 호흡과 물질의 연소에 중요한 역할을 하는 기체이다. 산소 기체는 2개의 산소 원자(O)가 결합한 산소 분자($O_2$)의 형태로 공기중에 존재한다. 산소 원자(O)는 산소기체의 성질을 가지지 않지만, 2개의 산소 원자(O)로 이루어진 산소 분자($O_2$)는 산소 기체의 성질을 가진다. 즉, 원자는 일정한 질량과 크기를 가진 물질을 구성하는 가장 작은 입자이고, 분자는 몇 개의 원자가 결합하여 이루어진 입자로, 물질의 고유한 성질을 가지는 가장 작은 입자를 의미한다. 또한, 분자가 분해될 때 원자의 종류와 수는 변하지 않지만 물질의 성질은 잃어버린다.

원자는 대부분이 단독으로는 불안정하여 많은 물질들은 몇 개의 원자가 결합한 분자의 형태로 이루어져 있다. 일예로 암모니아와 이를 합성하는데 필요한 질소와 수소는 모두 분자이다. 암모니아($NH_3$)는 1개의 질소 원자와 3개의 수소 원자가 결합한 분자이고, 질소($N_2$)는 산소처럼 질소 원자 2개가 결합한 분자이다. 또한, 광합성에 관련된 물질인 물($H_2O$), 이산화탄소($CO_2$), 포도당($C_6H_{12}O_6$)도 모두 분자이다. 포도당($C_6H_{12}O_6$)은 탄소 원자 6개, 수소 원자 12개, 산소 원자 6개로 이루어져 있다.

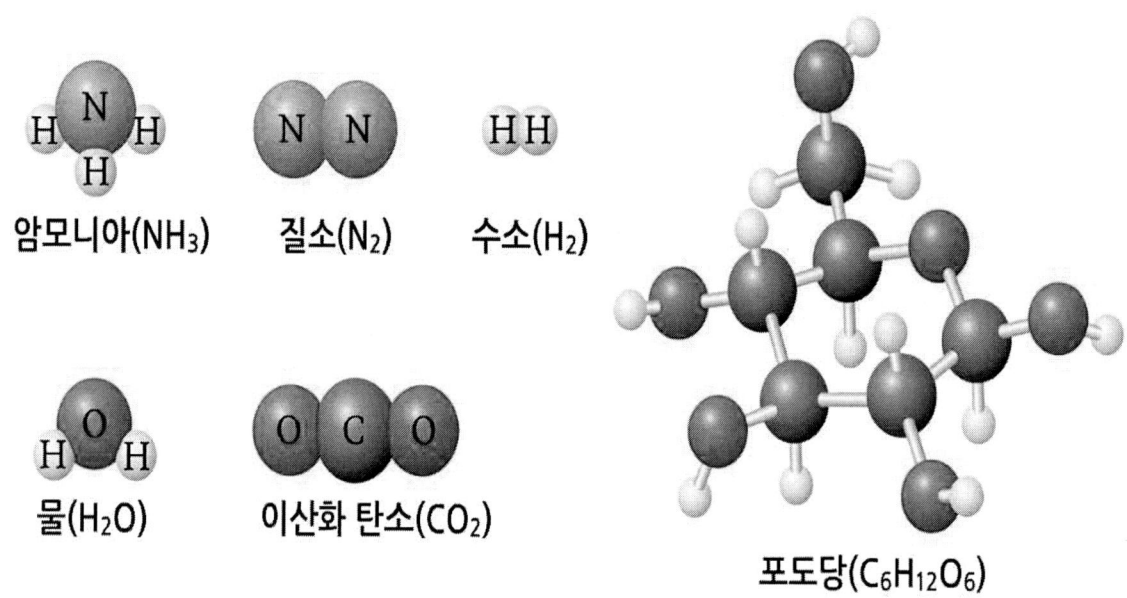

## 2. 원소와 화합물

철, 산소, 질소, 수소 등은 각각 한 종류의 원소로 이루어져 있다. 원소란 물리·화학적 방법으로는 더 이상 단순한 물질로 나누어지지 않는 물질을 구성하는 기본적인 성분이다. 이런 원소의 예로는 가정에서 호일의 형태로 사용하는 알루미늄(Aluminum)과 다이아몬드와 흑연 등의 다양한 물질 형태로 존재하는 탄소(Carbon) 등이 있다. 즉, 원소는 셀 수 없을 만큼의 많은 원자들로 구성되어 있다. 지금까지 원소는 110여 종 정도가 발견되었다.

한편 철, 산소, 질소, 수소와 같이 한 종류의 원소로만 이루어진 순수한 물질을 홑원소 물질이라고 한다.

물, 이산화탄소, 포도당과 같이 두 가지 이상의 다른 종류의 원소들이 일정한 비율로 결합하여 만들어진 순수한 물질을 화합물이라고 한다. 물 분자는 수소와 산소, 이산화탄소 분자는 탄소와 산소, 포도당 분자는 탄소, 수소, 산소로 이루어져 있다.

## 3. 원소 기호와 화학식

세상에 존재하는 많은 다양한 화합물들을 어떤 방법으로 나타낼 수 있을까? 한글이 자음 14자, 모음 10자만으로 일상에서 사용하는 모든 단어를 표현할 수 있는 것처럼 화학자들은 수많은 화합물들을 원소기호를 사용하여 표현한다.

이러한 원소 기호는 오래 전부터 알려진 원소는 라틴어와 그리스어에서, 근현대에 알려진 원소는 영어나 독일어로 된 원소 이름에서 한 글자 또는 두 글자를 따서 표현한다. 일예로 수소는 영어 이름이 'Hydrogen'인데, 그 첫 글자를 따서 'H'를 원소 기호로 사용하고 철은 라틴어 이름이 'Ferrum'인데, 앞의 두 글자를 따서 'Fe'를 원소 기호로 사용한다.

| 원소 이름 | 원소 기호 | 원소 이름 | 원소 기호 |
|---|---|---|---|
| 수소 Hydrogen | H | 아르곤 Argon | Ar |
| 헬륨 Helium | He | 리튬 Lithium | Li |
| 탄소 Carbonium | C | 나트륨 Natrium | Na |
| 산소 Oxygen | O | 칼륨 Kalium | K |
| 질소 Nitrogen | N | 인 Phosphorus | P |
| 염소 Chlorium | Cl | 아연 Zinc | Zn |
| 네온 Neon | Ne | 베릴륨 Beryllium | Be |
| 알루미늄 Aluminium | Al | 황 Sulphur | S |
| 구리 Cuprum | Cu | 칼슘 Calcium | Ca |
| 철 Ferrum | Fe | 금 Aurum | Au |
| 수은 Hydrargyrum | Hg | 은 Argentum | Ag |
| 규소 Silicon(실리콘) | Si | 납 Plumbum | Pb |
| 플루오린 Fluorine | F | 마그네슘 Magnesium | Mg |
| 아이오딘 Iodine | I | 망가니즈 Manganese | Mn |

원소 기호를 사용하면 다양한 종류의 화합물들을 쉽게 표현할 수 있다. 화합물 속에 들어 있는 원자의 종류와 개수를 원소 기호와 숫자를 사용하여 나타낸 식을 화학식이라고 한다. 산소의 원소기호는 O, 수소의 원소 기호는 H이므로 산소 원자 1개와 수소 원자 2개가 결합하여 만들어진 물의 화학식은 $H_2O$이다. 같은 방법으로 탄소 원자 3개와 수소 원자 8개로 이루어진 프로테인의 화학식은 $C_3H_8$이다. 이와 같이 화합물을 원소기호로 표기할 때는 먼저 화합물을 이루는 원소들의 원소 기호를 쓰고, 원소 기호 뒤에 아래 첨자로 원자의 개수를 적는다.

# § HOME WORK

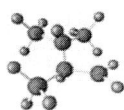

· 원자 :

· 분자 :

· 원소 :

· 홑원소물질 :

· 화합물 :

· 원소기호 :

· 화학식 :

## § LECTURE NOTE

1. 원자와 분자

(1) 원자

   ..................................................................................................
   ..................................................................................................

   ex] 산소 원자(O), 수소 원자(H), 질소 원자(N) 등

(2) 분자

   ..................................................................................................
   ..................................................................................................

   ex] 산소분자($O_2$), 수소분자($H_2$), 물분자($H_2O$), 암모니아분자($NH_3$) 등


2. 원소와 화합물

(1) 원소

   ..................................................................................................
   ..................................................................................................

   - 지금까지 110여 종의 원소가 발견
   - 홑원소 물질 : ..................................................................................

(2) 화합물

   ..................................................................................................
   ..................................................................................................

   - (............)들이 다양한 방법으로 결합하여 만들어지기 때문에 수없이 많은 화합물이 존재
   - 물, 이산화 탄소, 포도당, 염화 나트륨 등

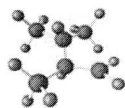

3. 원소 기호와 화학식

(1) 원소 기호

- 원소를 나타내는 기호로서 누구나 알아볼 수 있게 약속한 기호
- (  ), (  ), (  ), (  )로 된 원소 이름에서 (  ) 또는 (  )를 따서 표현

ex] H - <u>H</u>ydrogen(수소)  O - <u>O</u>xygen(산소)  C - <u>C</u>arbon(탄소)

  N - <u>N</u>itrogen(질소)  Fe - <u>Fe</u>rrum(철)

(2) 화학식

_____

_____

- 표기법

화합물을 구성하는 (  )를 쓰고 그 뒤에 해당 원소의 개수를 (  )로 나타낸다.

ex] $H_2O$ - 물  $C_3H_8$ - 프로테인  $CH_4$ - 메테인  $Fe_2O_3$ - 산화 철(III)

# § REVIEW EXERCISES

Q1. 다음 그림에서 홑원소 물질과 화합물은 각각 어느 것인가?

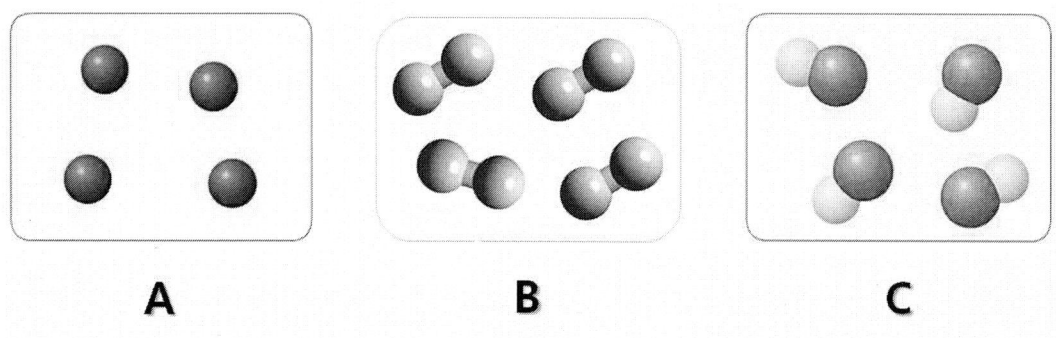

Q2. 탄소 원자 1개와 수소 원자 4개로 이루어진 메테인의 화학식을 써보자.

Q3. 다음 중 옳은 설명에는 O표, 틀린 설명에는 X표를 해보자.
(1) 원자는 물질을 구성하는 가장 작은 입자이다. ( )
(2) 원소의 종류는 화합물의 종류보다 많다. ( )
(3) 원자는 더 이상 다른 물질로 분해되지 않는 물질의 기본 성분이다. ( )
(4) 철과 산소로 분해되는 산화철(III)은 홑원소 물질이다. ( )
(5) 분자가 원자로 분해되면 물질의 성질을 잃는다. ( )

Q4. 다음은 포도당을 분해하여 에너지를 발생시키는 호흡 과정을 나타낸 것이다. 각 물질을 홑원소 물질과 화합물로 분류해 보자.

포도당 + 산소 ➔ 물 + 이산화탄소

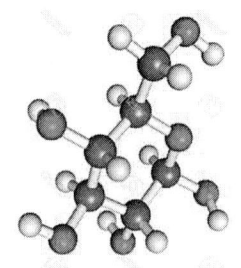  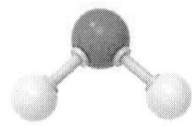 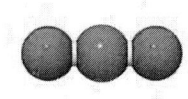

Q5. 원소와 원자의 차이점을 설명하시오.




Q6. 다음 그림은 메테인의 연소반응이다. 그림을 보고 아래 질문에 답하시오.

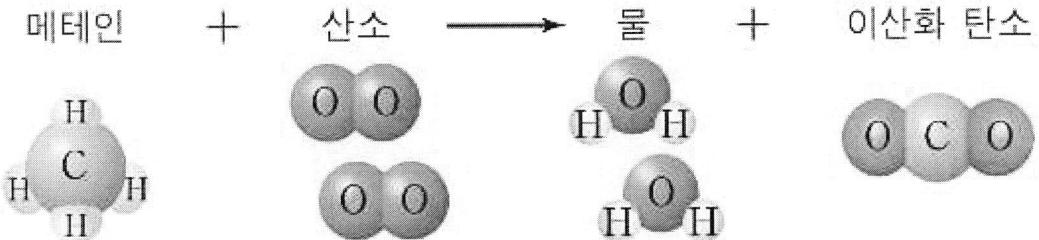

(1) 이 반응에 관여되는 분자의 종류와 개수는 어떻게 되는가?


(2) 각 물질에 포함된 원소의 종류와 원자의 개수는 어떻게 되는가?




Q7. 다음은 화합물을 화학식으로 나타내는 방법에 관한 것이다. 옳은 설명은 O표를 틀린 설명은 X표를 해 보자.
   (1) 원자의 개수를 원소 기호의 오른쪽 아래에 작은 숫자로 표시한다.   (     )
   (2) 원자의 개수가 하나일 때는 숫자 '1'을 생략한다.                (     )

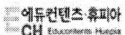

# II. 화학식량과 몰

## 1. 원자량과 분자량

원자, 분자 등과 같이 아주 작은 입자들의 질량과 개수를 어떻게 나타낼 수 있을까? 수소 원자 1개의 질량은 0.00000000000000000168 g($1.68 \times 10^{-24}$g)이고, 탄소 원자 1개의 질량은 $1.99 \times 10^{-23}$g이다. 이와 같이 아주 작은 원자의 질량을 나타낼 때 실제 질량을 그대로 사용하는 것은 매우 불편하다. 따라서 특정 원자의 질량을 기준으로 다른 원자들의 질량은 기준 원자의 질량에 따른 상대적인 값을 사용하고 있다. 즉, 질량수가 12인 탄소원자($^{12}C$)의 질량을 12.00으로 정하고 이 값과 비교한 다른 원자의 질량비로 나타낸다. 이 값을 원자량이라고 하고 상대적인 비율을 나타낸 것이므로 단위를 붙이지 않는다.

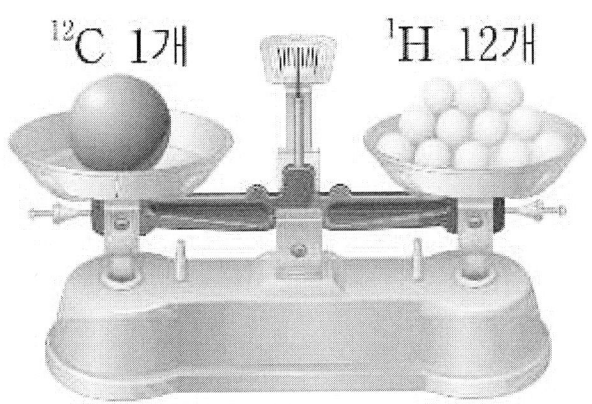

자연계에는 같은 원소이지만 질량이 다른 동위 원소가 존재하여 이들의 존재비를 고려하여 원소 질량의 평균값으로 나타낸 평균 원자량을 사용한다. 예를 들어 자연계에는 원자량이 12.00인 $^{12}C$가 98.90%, 원자량이 13.00인 $^{13}C$가 1.10% 존재하여 탄소 원자의 평균 원자량은 다음과 같이 계산할 수 있다.

$$\frac{12.00 \times 98.90 + 13.00 \times 1.10}{100} = 12.01$$

분자량은 분자를 구성하는 모든 원자들의 원자량을 합한 값이다. 예를 들어 탄소 원자 1개와 산소 원자 2개로 구성된 이산화탄소의 분자량은 탄소의 원자량(12.01)과 산소의 원자량(16.00)을 이용하여 구할 수 있다. 또한, 분자의 형태로 존재하지 않는 이온결정, 원자결정(흑연, 다이아몬드), 금속결정(Fe, Cu)들은 화학식을 이루는 원자량의 합으로 나타내고 이것을 화학식량이라고 한다. 예를 들어 염화 나트륨(NaCl)과 같이 이온으로 이루어진 화합물의 경우에도 화학식을 이루는 나트륨의 원자량(22.99)과 염소의 원자량(35.45)으로부터 원자량의 총합을 구할 수 있다.

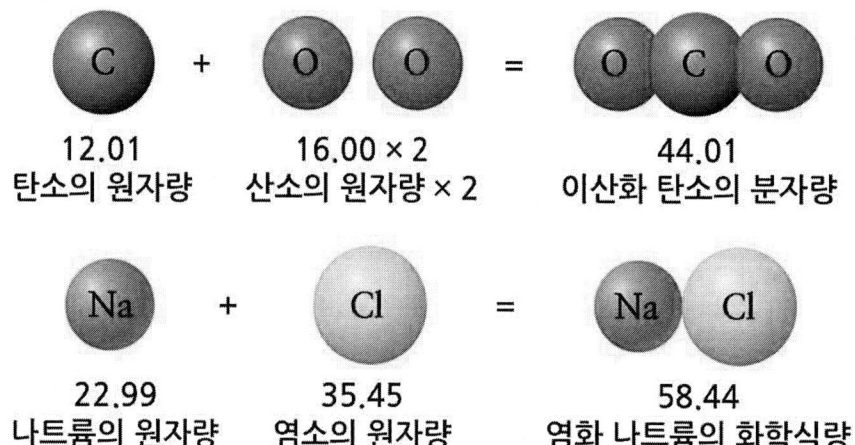

## 2. 몰과 아보가드로의 수

우리는 일상생활에서 많은 수를 셀 때에 편의성을 위해서 여러 가지 묶음 단위를 사용하고 있다. 예를 들어 연필 12자루는 연필 한 '다스'라고 하고, 배추 100포기는 배추 한 '접'이라고 한다. 또한, 원자와 분자 같은 아주 작은 입자는 질량이 매우 작아 물질의 양이 적어도 그 속에는 많은 수의 입자가 들어 있기때문에 원자나 분자도 묶음 단위로 나타낸다.

화학자들은 몰(mole)이라는 묶음 단위를 사용하고, 그 단위로 '몰(mol)'을 쓴다. 몰은 $6.02 \times 10^{23}$개의 입자를 의미하며, 이 수를 아보가드로수(Avogadro's number; $N_A$)라고 하고 정확히 12그램의 12C안에 들어 있는 탄소 원자의 수로 정의한다. 따라서 연필 1다스가 12개를 의미하듯이 1몰(mol)은 $6.02 \times 10^{23}$개를 의미한다. 예를 들어 탄소 1몰은 탄소 원자 $6.02 \times 10^{23}$개 이고, 헬륨 1몰은 헬륨 원자 $6.02 \times 10^{23}$개이다.

## 3. 몰 질량과 몰 부피

원자량과 분자량은 상대적인 값이라서 단위가 없지만 실제 화학 반응에서 화합물의 질량을 계산하기 위해서 단위가 필요하다. 그래서 원자량이나 분자량 뒤에 그램(g)을 붙인 그램원자량, 그램분자량을 사용한다. 즉, 어떤 물질의 화학식량에 g을 붙이면 그 물질 1 몰의 질량(몰 질량)이 된다. 예를 들어 평균 원자량이 12.01인 탄소의 그램원자량은 12.01g이다. 그램원자량이나 그램분자량에는 원자나 분자가 아보가드로수 만큼 들어 있다. 따라서, 어떤 원자의 몰 질량과 아보가드로 수를 이용하여 그 원자 1개의 실제 질량을 구할 수 있다. 예를 들어 $^{12}C$ 1몰의 질량은 12.00g이므로, 이를 아보가드로수로 나누면 $^{12}C$원자 1개의 질량을 얻을 수 있다.

$$\frac{12.00 \text{ g}}{6.02 \times 10^{23}} = 1.99 \times 10^{-23} \text{ g}$$

원자량과 분자량을 이용하면 물질의 질량으로부터 물질에 포함된 입자 수를 알 수 있다. 그러나 기체는 질량을 측정하기가 어려워 측정이 쉬운 부피를 이용한다. 과학자들의 실험에 의해 0℃, 1기압에서 1몰의 분자가 차지하는 기체의 부피는 그 종류에 관계없이 22.4L로 일정하다고 밝혀졌다. 따라서 0℃, 1기압에서 기체의 부피를 측정하면 기체의 분자 수를 알 수 있다.

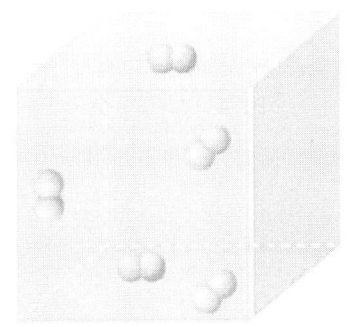

$H_2$의 몰 질량 **2.02 g**
$H_2$의 몰 부피 **22.4 L**
$H_2$의 분자 수 **6.02 x $10^{23}$개**

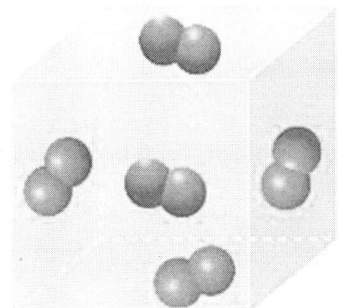

$N_2$의 몰 질량 **28.02 g**
$N_2$의 몰 부피 **22.4 L**
$N_2$의 분자 수 **6.02 x $10^{23}$개**

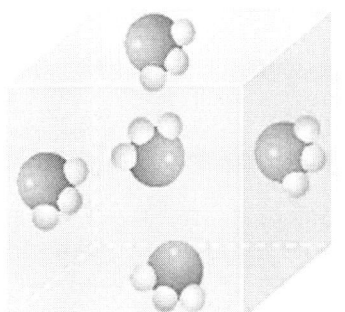

$NH_3$의 몰 질량 **17.04 g**
$NH_3$의 몰 부피 **22.4 L**
$NH_3$의 분자 수 **6.02 x $10^{23}$개**

아보가드로 법칙에 따르면 모든 기체는 같은 온도와 압력에서 같은 부피속에 같은 수의 분자가 들어 있고 분자 수가 같으면 몰수도 같기 때문에 온도와 압력이 같은 조건에서 기체 1몰의 부피는 기체의 종류와 관계없이 서로 같게 된다. 따라서 일정한 온도와 압력에서 두 기체의 부피비가 두 기체의 몰질량비와 같게 된다.

## 4. 화합물의 조성

화합물을 구성하는 원소들의 구성 비율은 원소 분석 방법을 통해서 알 수 있다. 예를 들어 포도당과 같이 탄소, 수소, 산소로 구성된 화합물을 연소시키면 이산화탄소와 물이 생성된다. 물은 염화칼슘관에 흡수되고, 이산화탄소는 수산화 나트륨관에 흡수되므로 각 관의 증가한 질량을 측정하면 포도당의 연소로 생성된 물과 이산화탄소의 질량을 알 수 있다. 그리고 각각에서 탄소와 수소의 질량백분율을 이용하여 포도당에 포함된 탄소와 수소의 질량을 계산할 수 있다. 그리고 포도당의 질량에서 탄소와 수소의 질량을 빼주면 포도당에 포함된 산소의 질량도 알 수 있다. 이와 같이 연소 생성물을 분석하여 화합물을 구성하는 원소들의 구성 비율을 확인하는 원소 분석 방법을 연소 분석이라고 한다.

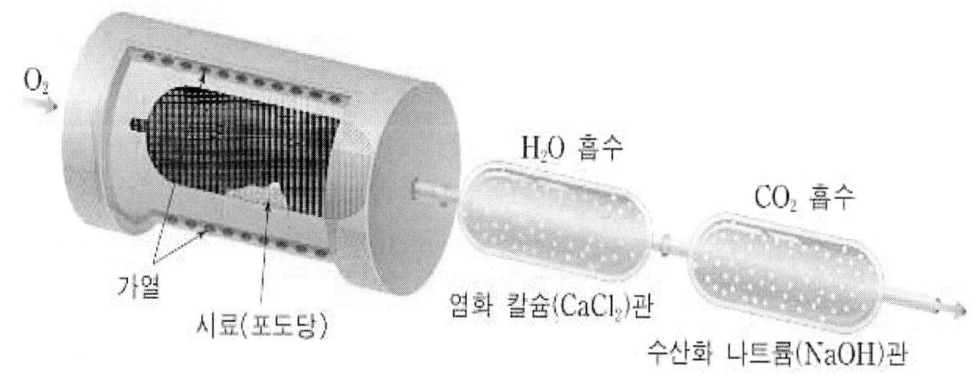

포도당을 구성하는 원소들의 질량비를 각 원소의 몰 질량으로 나누면 각 원소의 몰수비를 구할 수 있다. 예를 들어 포도당의 질량비가 탄소 40.00%, 수소 6.73%, 산소 53.27%라면, 포도당 100g속에 탄소 40.00g, 수소 6.73g, 산소 53.27g이 포함된 것으로 볼 수 있다. 이것을 각 원소의 몰 질량으로 나누면 다음과 같은 값을 얻을 수 있다.

탄소의 몰수 : 40.00 g ÷ 12.01 g/mol = 3.33 mol
수소의 몰수 : 6.73 g ÷ 1.01 g/mol = 6.66 mol
산소의 몰수 : 53.27 g ÷ 16.00 g/mol = 3.33 mol

여기서 각 원소의 몰수비를 간단한 정수비로 나타내면 C : H : O = 1 : 2 : 1이 된다. 즉, 포도당은 탄소, 수소, 산소가 1 : 2 : 1의 비율로 결합하여 만들어진 화합물로 $CH_2O$로 표현할 수 있다. 이와 같이 화합물을 구성하는 성분 원소의 원자 수를 가장 간단한 정수비로 나타낸 화학식을 실험식이라 한다.

화합물을 구성하는 각 성분 원소의 원자 수를 가장 간단한 정수비로 나타낸 실험식은 화합물에 포함된 원소의 비율을 알 수 있지만 화합물에 포함된 원자들이 각각 몇 개인지 알 수 없다.

분자에 포함된 실제 원자 수를 알기 위해서는 한 분자를 이루는 각 원자의 총 개수로 나타낸 분자식을 알아야 한다. 실험식에 포함된 성분 원소의 원자량 총합이 실험식량이고, 분자량은 실험식량의 정수배이기 때문에 어떤 화합물의 실험식과 분자량을 알면 그 물질의 분자식을 구할 수 있다.

## § HOME WORK

· 원자량 :

· 동위원소 :

· 분자량 :

· 화학식량 :

· 몰(mol) :

· 아보가드로수 :

· 몰 질량 :

· 몰 부피 :

· 실험식 :

· 분자식 :

# § LECTURE NOTE

## 1. 원자량과 분자량

(1) 원자량

- ........................................................................................................
- ........................................................................................................
- 평균원자량 : ..................................................................................

[참고] 탄소 원자의 평균 원자량

자연계에는 원자량이 12.00인 $^{12}C$가 98.90 %, 13.00인 $^{13}C$가 1.10 % 존재

⇒

(2) 분자량

- ........................................................................................................

$CO_2$ ⇒ (    ) × 1 + (    ) × 2 = 44

- 화학식량 :

........................................................................................................

$NaCl$ ⇒ (    ) × 1 + (    ) × 1 = 58.5

## 2. 몰과 아보가드로수

(1) 몰(mol)

- ........................................................................................................
- ........................................................................................................

ex] 탄소 1몰 : 탄소 원자 $6.02 \times 10^{23}$개

(2) 아보가드로수

- ........................................................................................................

## 3. 몰 질량과 몰부피

(1) 몰질량

- _____

- 물의 몰 질량은 (     ) g이고, 이산화탄소의 몰 질량은 (     ) g이다.
- 어떤 원자의 몰 질량을 알면, 원자 1개의 실제 질량을 구할 수 있다.

  $^{12}C$ 원자 1개의 질량 ⇒


(2) 몰부피

- _____

- 아보가드로 법칙 :

  _____

  ex] 수소 1몰의 몰 부피는 22.4 L이고, 산소 1몰의 몰 부피도 22.4 L


## 4. 화합물의 조성

(1) 연소 분석법

- _____

  ex] 탄소, 산소, 수소로 이루어진 화합물 X 30g을 연소시켰더니 물 18g과 이산화탄소 44g이 생성되었다. 화합물 X의 분자량이 180일 때 실험식과 분자식은?

# § REVIEW EXERCISES

Q1. 자연계에 존재하는 염소는 원자량이 34.97인 $^{35}Cl$가 75.55%, 원자량이 36.97인 $^{37}Cl$이 24.23% 존재한다. 염소 원자의 평균 원자량을 구해보자.

Q2. 다음 화합물의 분자량 또는 화학식량을 구해 보자.
 (1) $NH_3$

 (2) NaCl

 (3) $C_6H_{12}O_6$

Q3. 포도당($C_6H_{12}O_6$)의 분자량은 얼마인가? 이를 이용하여 포도당 7.20 g은 몇 몰인지 계산해 보자.

Q4. 다음 글을 읽고 빈 칸에 알맞은 말을 써 보자.

> 원자 수나 분자 수를 나타내는 묶음 단위로 '몰(mole)'을 사용하는데, 그 단위는 '몰(mol)'이다. 1몰은 (            )개의 입자를 의미하며, 이 수를 (            )라고 한다. 예를 들어 철 2몰은 철 원자 (            )이다.

Q5. 다음 물질 중 0℃, 1기압에서 포함된 입자수가 가장 많은 것은?
 (1) 탄소 6g 속의 탄소 원자의 수
 (2) 소금 1몰에 들어 있는 총 이온 수
 (3) 물 9g에 들어 있는 수소 원자 수
 (4) 암모니아 11.2L 중에 들어 있는 수소 원자 수

Q6. 0℃, 1기압에서 수소 기체 4.00 g의 부피를 계산해 보자.




Q7. 0℃ 1기압에서 2몰의 이산화탄소 기체가 있다.
   (1) 이산화탄소 기체의 분자 수는 몇 개인가?

   (2) 이산화탄소의 질량은 몇 g인가?

   (3) 이산화탄소의 부피는 몇 L인가?

Q8. 탄소와 수소로 이루어진 물질을 연소시켰더니, 질량 백분율이 탄소 70.6%, 수소 29.4%였다. 이 화합물의 실험식을 구해 보자.




Q9. 실험식이 $CH_2$인 어떤 물질의 분자량을 측정하였더니 70이었다. 이 물질의 분자식을 구해 보자.




Q10. 탄소, 수소, 산소로 이루어진 화합물 3.00 g을 태워서 이산화탄소 4.40 g과 물 1.8 g을 얻었다.
   (1) 이 화합물의 실험식을 구하시오.



   (2) 이 화합물의 분자량이 60.0일 때, 분자식을 구하시오.

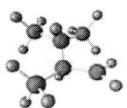

# III. 화학 반응식

## 1. 화학 반응식

물질의 변화에는 물리적 변화와 화학적 변화가 있다. 물리적 변화는 물질 자체는 변하지 않고 물질의 상태나 모양 등이 변화되는 것을 말한다. 그 예로는 얼음이 온도의 상승에 따라 물과 수증기로 상태가 변화되는 것과 설탕이 물에 녹아서 설탕물이 되는 용해 현상 등이 있다. 화학적 변화는 본래의 물질과는 성질이 전혀 다른 물질이 생성되는 변화로 연소반응, 전기 분해, 중화 반응 등이 있다. 또한, 반응의 유형에 따라서 화합, 분해, 치환, 복분해 등으로도 화학적 변화를 분류할 수 있다. 화합 반응은 두 가지 이상의 물질이 반응하여 한 가지 물질로 되는 반응이고, 분해 반응은 한 가지 물질이 두 가지 이상의 물질로 되는 반응을 말한다. 치환 반응은 화합물을 구성하는 성분 중 일부가 다른 원자나 원자단으로 바뀌는 반응이고, 복분해 반응은 두 가지 이상의 화합물이 서로 성분의 일부를 바꾸어 두 가지의 새로운 화합물이 생성되는 반응이다.

복잡한 화합물을 원소 기호를 이용하여 화학식으로 간단하게 나타내듯이, 물질의 화학적 변화를 화학식을 이용하여 나타낼 수 있다. 이것을 화학 반응식이라고 한다. 수소 기체와 산소 기체가 반응하여 물이 생성되는 반응을 예로 들어 화학 반응식을 나타내는 방법에 대하여 알아보자.

| 1 단계 | 화학 반응을 반응물과 생성물의 화학식으로 나타내기 |

화살표(→)를 기준으로 반응물의 화학식은 왼쪽에, 생성물의 화학식은 오른쪽에 쓴다. 그리고 반응물과 생성물이 각각 두 가지 이상이면 '+'로 연결한다.

$$\underbrace{H_2 + O_2}_{\text{반응물}} \longrightarrow \underbrace{H_2O}_{\text{생성물}}$$

| 2 단계 | 반응 전후 원자의 종류와 개수가 같도록 계수 맞추기 |

화학 반응이 일어나는 동안 원자는 변하지 않기 때문에 반응물과 생성물의 원자 종류와 개수의 합은 같아야 한다. 이를 위해 각 물질의 화학식 앞에 계수를 붙이는데, 물($H_2O$)의 계수를 1로 놓고 수소와 산소의 원자 개수의 합을 맞춘다. 이 때 앞의 계수에 분수가 있으면 가장 간단한 정수비로 만들기 위해 전체 계수의 배수를

곱해주고, 계수가 1이면 생략한다.

$H_2 + O_2 \rightarrow 1H_2O$

$1H_2 + \frac{1}{2}O_2 \rightarrow 1H_2O$ 전체 계수에 × 2

$2H_2 + O_2 \rightarrow 2H_2O$

| 3 단계 | 반응 전후 원자의 종류와 개수가 같은지 확인하기 |

마지막으로 반응물과 생성물을 이루고 있는 원자의 종류별로 총 개수가 일치하는지 점검한다.

반응물
H : 4개, O : 2개

$2H_2 + O_2 \rightarrow 2H_2O$

생성물
H : 4개, O : 2개

또한, 반응물과 생성물의 상태를 화학식 뒤의 괄호 속에 약자를 써서 표시하기도 하는데 기체는 $g$, 고체는 $s$, 액체는 $\ell$, 수용액은 $aq$로 나타낸다.

| 물질의 상태 | 원어 | 약자 |
|---|---|---|
| 기체 | gas | $g$ |
| 액체 | liquid | $\ell$ |
| 고체 | solid | $s$ |
| 수용액 | aqueous solution | $aq$ |

따라서 수소 기체와 산소 기체가 반응하여 물이 생성되는 반응을 화학 반응식으로 나타내면 다음과 같다.

$$2H_2(g) + O_2(g) \rightarrow 2H_2O(\ell)$$

화학반응에서 촉매나 특별한 조건, 가열 등을 하는 경우에는 이를 화학반응식에 표기해주기도 한다. 반응물과 생성물 사이의 화살표의 아래 위에 촉매나 특별한 반응조건을 표시하고 가열은 "△"을 화살표 아래에 표시한다.

## 2. 화학 반응식으로부터 얻을 수 있는 정보

수소와 산소가 반응하여 물을 생성하는 위의 화학 반응식에서 $H_2$앞에 있는 계수 2은 $H_2$가 2개 있음을 의미하고, $H_2$의 아래 첨자 2는 수소 분자가 2개의 수소 원자로 구성되어 있음을 의미한다. 즉, 화학반응식에서 화학식 앞의 계수는 화합물의 개수를 의미하고, 화학식에 들어 있는 아래 첨자는 화합물을 구성하는 원자의 개수를 나타낸다.

화학 반응식으로부터 반응물과 생성물의 종류와 화학식, 분자 수, 질량, 부피 등 여러 가지 양적 관계를 알 수 있다. 예를 들면 암모니아 합성 반응식으로부터 얻을 수 있는 정보는 아래와 같다.

| | 반응물 | | 생성물 |
|---|---|---|---|
| 화학 반응식 | \multicolumn{3}{c}{$N_2(g) + 3H_2(g) \rightarrow 2NH_3(g)$} |
| | 질소 | 수소 | 암모니아 |
| 반응에 대한 분자 모형 | $N_2$ | $3H_2$ | $2NH_3$ |
| 반응식의 계수 | 1 | 3 | 2 |
| 몰수(몰) | 1 | 3 | 2 |
| 질량(g) | 28.0 | 3×2.0=6.0 | 2×17.0=34.0 |
| 기체의 부피(L) (0℃, 1기압) | 22.4 | 3×22.4=67.2 | 2×22.4=44.8 |

화학 반응식의 계수비가 물질의 몰수를 나타내므로 질소 1몰과 수소 3몰이 반응하여 암모니아 2몰이 생성됨을 알 수 있고, 온도와 압력이 같은 조건의 기체에서는 몰 수비를 통해 부피의 비를 알 수 있다.

또한, 위 표에서 반응물의 질량의 총합이 34g이고 생성물의 질량의 총합이 34g으로 화학반응의 전후에서 반응물질의 총질량과 생성물질의 총질량은 같다는 질량보존 법칙이 성립함을 알 수 있다. 또한, 아보가드로 법칙에 따르면 같은 온도와 압력에서 기체 물질의 몰수비는 부피비와 같으므로 기체 상태인 질소, 수소, 암모니아 사이의 부피비는 1 : 3 : 2이다. 이를 통해 같은 온도와 같은 압력에서 그 부피를 측정했을 때 반응하는 기체와 생성되는 기체 사이에는 간단한 정수비가 성립한다는 기체 반응 법칙도 성립함을 알 수 있다.

## 3. 화학양론

화학 변화를 화학식으로 나타낸 화학 반응식을 보면 반응물질들과 생성물들 사이의 양적 관계인 화학양론(stoichiometry)도 알 수 있다. 화학 반응에서 반응 전후의 질량은 보존되기 때문에 반응물과 생성물 중 하나의 질량을 알면 나머지 물질의 질량을 계산할 수 있다. 다음 예제를 통해 이를 확인해보자.

| 예제 | 숯(탄소)의 완전 연소 반응에 대한 화학반응식은 다음과 같다.<br>$C\ (s) + O_2\ (g) \rightarrow CO_2\ (g)$<br>36.0 g의 숯을 산소가 충분한 상태에서 태웠을 때 생성되는 이산화탄소의 질량은 몇 g인가? (단, C의 원자량은 12.0, O의 원자량은 16.0으로 한다.) |
|---|---|

[풀이]
<단계 1> 탄소 36.0g을 탄소의 몰 질량 12.0 g/mol로 나누어 탄소의 몰수를 구한다.

$$36.0g \div \frac{12.0g}{1mol} = 3mol$$

<단계 2> 화학 반응식에서 탄소와 이산화탄소의 몰수비는 1:1이므로, 이를 이용하여 이산화탄소의 몰수를 구한다.

$$3mol \div \frac{1mol}{1mol} = 3mol$$

<단계 3> 이산화탄소의 몰수에 이산화탄소의 몰질량 44.0 g/mol을 곱하여 이산화탄소의 질량을 구한다.

$$3mol \times \frac{44.0g}{1mol} = 132.0g$$

따라서, 36.0 g의 숯을 연소시키면 이산화탄소 132.0 g이 생성됨을 알 수 있다.

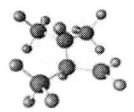

화학 반응에서 반응물이나 생성물에 기체가 포함되는 경우에는 0℃, 1기압에서의 기체의 몰 부피를 이용하여 기체들의 양적 관계를 알 수 있다. 다음 예제를 통해 이를 알아보자.

| 예제 | 물의 생성 반응에 대한 화학 반응식은 다음과 같다. 0℃, 1기압에서 수소 2.24 L를 산소와 모두 반응시켜 물을 만드는 과정에서 필요한 산소의 부피는 몇 L인가?<br>$2H_2 (g) + O_2 (g) \rightarrow 2H_2O (\ell)$ |
|---|---|

[풀이]
비례식을 사용하면 좀 더 간단하게 산소의 부피를 계산할 수 있다.

$$2H_2 (g) + O_2 (g) \rightarrow 2H_2O (\ell)$$

몰수비　　　2　:　1　:　2
부피 (L)　　2.24　　x

$$2 : 1 = 2.24 : x \quad \therefore x = 2.24 / 2 = 1.12$$

따라서 필요한 산소의 부피는 1.12 L이다.

지금까지 화학 반응식에 포함된 반응물들과 생성물들 사이의 양적 관계를 몰-질량, 몰-부피의 변화를 통해 알아보았다. 즉, 화학 반응식의 계수비는 화학 반응에 참여하는 물질들의 양적 관계를 나타낸다. 아래와 같이 몰지도를 사용하면 화학 반응에서의 양적 관계를 쉽게 구할 수 있다.

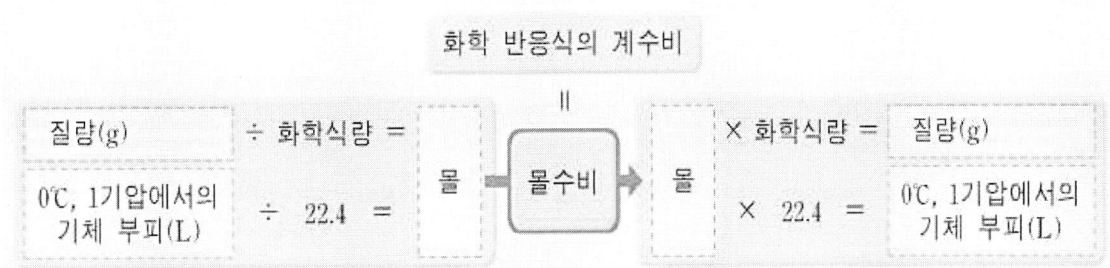

## § HOME WORK

· 물리적 변화 :

· 화학적 변화 :

· 화합 반응 :

· 분해 반응 :

· 치환 반응 :

· 복분해 반응 :

· 화학 반응식 :

· 반응물 :

· 생성물 :

· 질량보존법칙 :

· 기체반응법칙 :

· 화학양론 :

# § LECTURE NOTE

1. 화학 반응식

(1) 물질의 변화

- 물리적 변화 : _____

    ex] 물질의 상태 변화 : 얼음 → 물 → 수증기

    물질의 용해 : 설탕이 물에 녹아 설탕물이 됨

- 화학적 변화 : _____

    ex] 연소반응, 전기 분해, 중화 반응

    ① 화합반응 : _____

    A + B → AB

    ② 분해반응 : _____

    AB → A + B

    ③ 치환반응 : _____

    AB + C → AC + B

    ④ 복분해반응 : _____

    AB + CD → AD + CB

(2) 화학 반응식 : _____

(3) 화학 반응식 나타내는 방법

- 화학 반응을 반응물과 생성물의 화학식으로 나타낸다.

- 화살표를 기준으로 반응물의 화학식은 (     )에, 생성물의 화학식은 (     )

    $H_2 + O_2 → H_2O$

- 반응 전후 원자의 종류와 개수가 같도록 화학식 (    )의 계수를 맞춘다.

    $H_2 + \frac{1}{2}O_2 → H_2O$의 모든 계수에 × (    ) ⇒ $2H_2 + O_2 → 2H_2O$

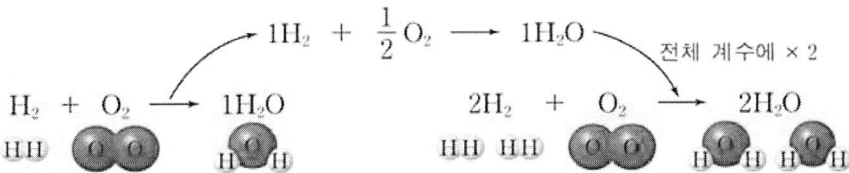

- 반응 전후 (　　　)의 종류와 개수가 같은지 확인

반응물　　　　　$2H_2 + O_2 \rightarrow 2H_2O$　　　　생성물
H:4개, O:2개　　　　　　　　　　　　　　　　　H:4개, O:2개

- 반응물과 생성물의 상태를 화학식 뒤의 괄호 속에 약자를 써서 표시

　　2H$_2$(g) + O$_2$(g) → 2H$_2$O (l)

| 물질의 상태 | 원어 | 약자 |
|---|---|---|
| 기체 | gas | (　　) |
| 액체 | liquid | (　　) |
| 고체 | solid | (　　) |
| 수용액 | aqueous solution | (　　) |

cf> 촉매나 특정 반응 조건, 가열(　　　)의 표기방법

$$N_2(g) + 3H_2(g) \xrightarrow[400\sim600℃, 300기압]{Fe_2O_3} 2NH_3(g)$$

$$2NaHCO_3(s) \xrightarrow{\triangle} Na_2CO_3(s) + H_2O(l) + CO_2(g)$$

**2. 화학 반응식에서 얻을 수 있는 정보**

(1) 화학 반응식의 계수와 아래 첨자의 의미

- 화학식 앞의 계수는 해당 (　　　)의 개수를 의미

　2H – 수소 (　　) 2개　　　3H$_2$ – 수소 (　　) 3개

- 아래 첨자는 화합물을 구성하는 (　　　)의 개수를 의미

　H$_2$O – 수소 원자 (　　)개, 산소 원자 (　　)개

(2) 화학반응식에서 얻을 수 있는 정보들

- 반응물과 생성물의 종류 및 상태
- 반응하는 물질들의 몰수비
- 반응하는 물질들의 질량비와 부피비(기체만 해당)
- 관련 있는 과학 법칙을 확인

① 질량보존법칙 :

_____

② 기체반응법칙 :

_____

| 화학 반응식 | 반응물 $N_2(g) + 3H_2(g)$ 질소          수소 | → | 생성물 $2NH_3(g)$ 암모니아 |
|---|---|---|---|
| 반응에 대한 분자 모형 | $N_2$    +    $3H_2$ | → | $2NH_3$ |
| 반응식의 계수 | (         )  (         ) | | (         ) |
| 몰수(몰) | (         )  (         ) | | (         ) |
| 질량(g) | (         )  (         ) | | (         ) |
| 기체의 부피(L) (0℃, 1기압) | (         )  (         ) | | (         ) |

## 3. 화학양론

(1) 화학양론 : _____

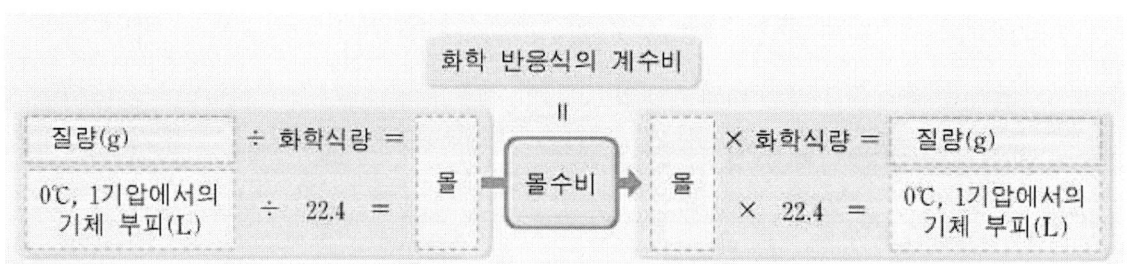

| 예제 | 숯(탄소)의 완전 연소 반응에 대한 화학반응식은 다음과 같다.<br>$$C(s) + O_2(g) \rightarrow CO_2(g)$$<br>36.0 g의 숯을 산소가 충분한 상태에서 태웠을 때 생성되는 이산화탄소의 질량은 몇 g인가? (단, C의 원자량은 12.0, O의 원자량은 16.0으로 한다.) |
|---|---|

| 예제 | 물의 생성 반응에 대한 화학 반응식은 다음과 같다. 0℃, 1기압에서 수소 2.24 L를 산소와 모두 반응시켜 물을 만드는 과정에서 필요한 산소의 부피는 몇 L인가?<br>$$2H_2(g) + O_2(g) \rightarrow 2H_2O(\ell)$$ |
|---|---|

# § REVIEW EXERCISES

Q1. 화학식 $2NH_3$에 대한 설명 중 그 의미가 맞으면 O, 틀리면 X를 표시하시오.
   (1) 질소와 수소의 개수비는 1:3이다.    (     )
   (2) 분자내에 질소 원자는 2개 있다.    (     )
   (3) 2는 질소의 원자수를 나타낸다.    (     )

Q2. 다음 화학 반응식에 알맞은 계수를 써 보자.
   (1) (   )$C_2H_6(g)$ + (   )$O_2(g)$ → (   )$CO_2(g)$ + (   )$H_2O(\ell)$

   (2) (   )$C_2H_2(g)$ + (   )$H_2(g)$ → (   )$C_2H_6(g)$

   (3) (   )$C_2H_5OH(\ell)$ + (   )$O_2(g)$ → (   )$H_2O(\ell)$ + (   )$CO_2(g)$

   (4) (   )$C_6H_{12}O_6(s)$ + (   )$O_2(g)$ → (   )$CO_2(g)$ + (   )$H_2O(\ell)$

Q3. 다음 화학반응식에 관한 설명이 맞으면 O, 틀리면 X를 표시하시오.

$$2NaHCO_3(s) \xrightarrow{\triangle} Na_2CO_3(s) + H_2O(l) + CO_2(g)$$

   (1) 반응 결과 기체가 생성된다.    (     )
   (2) '△'는 가열을 한다는 의미이다.    (     )
   (3) 반응한 탄산수소나트륨의 몰수는 생성된 이산화탄소의 몰수와 같다.    (     )

Q4. 철광석 제련의 화학 반응식은 다음과 같다. 80 g의 산화철(Ⅲ)을 충분한 양의 일산화탄소와 반응시키면 이때 생성되는 철의 질량은 몇 g인가? (단, Fe의 원자량은 56으로 한다.)
$$Fe_2O_3(s) + 3CO(g) \rightarrow 2Fe(s) + 3CO_2(g)$$

Q5. 11.2 L의 암모니아 기체를 생성하기 위해 필요한 질소 기체와 수소 기체의 0℃, 1기압에서의 부피는 얼마인가?

$$N_2(g) + 3H_2(g) \rightarrow 2NH_3(g)$$

Q6. Q5번의 화학반응식에서 질소 기체 4몰과 수소 기체 4몰이 반응할 때 생성되는 암모니아의 부피는 얼마인가?

Q7. 물을 전기분해하면 산소와 수소 기체가 발생한다. 4.0g의 산소를 발생시키기위해서 물은 몇 g이 필요한가?

Q8. 다음 표는 일산화탄소가 연소를 통해서 이산화탄소를 생성하는 과정을 나타낸 것이다. 표의 빈칸을 채워 보자.

| 화학 반응식 | ( )CO(g) + ( )O$_2$(g) → ( )CO$_2$(g) | | |
|---|---|---|---|
| 반응에 대한 분자 모형 | | | |
| 반응식의 계수 | ( ) | ( ) | ( ) |
| 몰수(몰) | ( ) | ( ) | ( ) |
| 질량(g) | ( ) | ( ) | ( ) |
| 기체의 부피(L) (0℃, 1기압) | ( ) | ( ) | ( ) |

# IV. 원자의 구조

## 1. 원자를 구성하는 입자

1803년 돌턴은 물질은 더 이상 쪼개지지 않는 원자로 이루어져 있다는 원자설을 주장하였으나 19세기 후반 이후 과학자들은 여러 실험을 통해 원자가 더 작은 입자로 구성되어 있음을 알게 되었다.

### (1) 전자의 발견

1897년 영국의 톰슨(Thomson, J.J.: 1856~1940)은 아래의 그림과 같은 장치를 이용한 실험을 통해서 전자를 발견하였다. 톰슨은 진공유리관에 높은 전압을 걸어 주면 (-)극에서 (+)쪽으로 빛을 내며 직진하는 음극선을 발견하였고, 이 음극선에 전기장을 걸어 주면 음극선이 (+)극 쪽으로 휘는 것을 통해 음극선이 (-)전하를 띠는 것을 발견하였다. 또한, 이 음극선이 바람개비를 돌리는 것을 통해서 질량을 가지는 입자라는 사실도 알아내었다. 이 입자가 바로 전자이다.

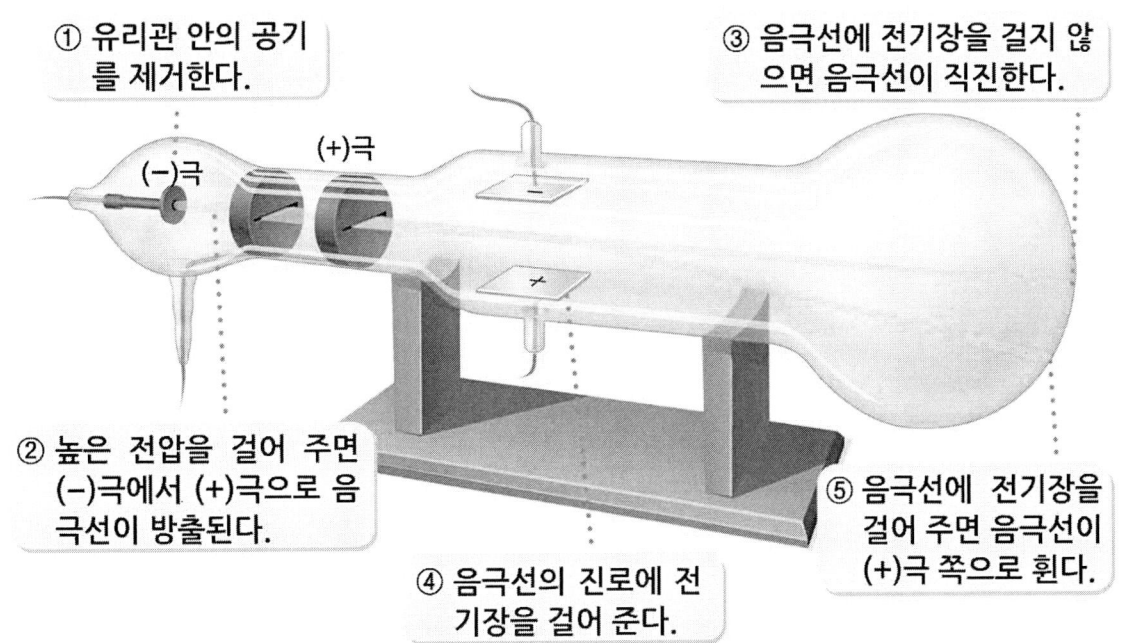

## (2) 양극선과 원자핵의 발견

 독일의 물리학자 골드슈타인(Goldstein, E.:1850~1930)은 아래 그림과 같이 음극선관의 가운데에 구멍이 뚫린 (-)극판을 설치하고 수소 기체를 조금 넣은 후 높은 전압을 걸어 주어 (+)극에서 (-)극으로 향하는 입자의 흐름을 관찰하였고, 이것을 양극선이라고 불렀다. 이후에 과학자들의 연구 결과, 수소 기체를 넣은 방전관에서 발견되는 양극선은 양성자의 흐름으로 밝혀졌다.

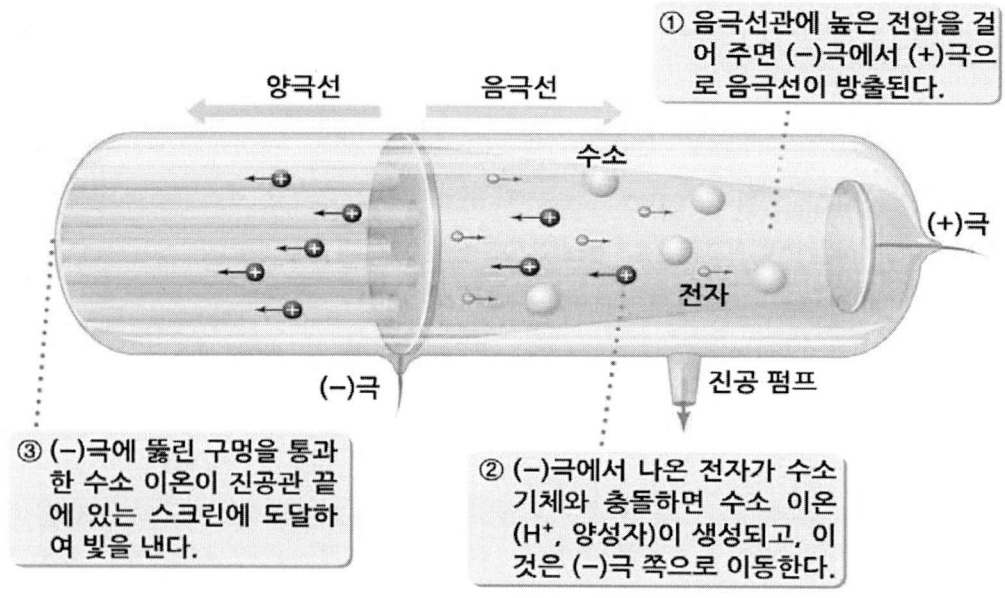

 1911년 러더퍼드(Rutherford, E.:1871~1937)는 방사성 원소에서 방출되는 알파 입자를 얇은 금박에 쏘아 줄 때 알파 입자가 어떻게 휘는지 실험하였다. 러더퍼드는 얇은 금박에 알파 입자를 쏘았을 때 알파입자가 산란되고 극소수의 알파 입자가 정반대편으로 다시 튕겨 나오는 것을 확인하고 원자 내부에 매우 작은 크기의 밀도가 아주 큰 (+)전하를 띠는 입자가 존재할 것으로 생각하였다. 원자 중심에 전하를 띠는 이 입자를 원자핵이라고 한다.

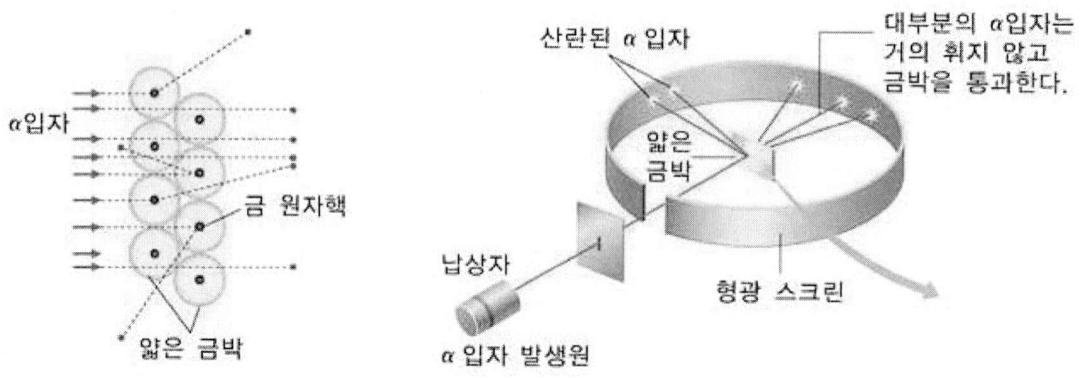

러더퍼드는 헬륨 원자핵의 전하와 질량을 측정한 실험에서 원자핵의 전하는 양성자의 2배지만, 질량이 4배인 사실을 근거로 질량이 비교적 큰 중성의 입자가 핵 안에 존재할 것임을 예측하였다. 이후 영국의 과학자 채드윅(Chadwick, J.: 1891~1974)은 베릴륨(Be) 원자핵에 알파 입자를 충돌시킬 때 전하를 띠지 않는 입자가 튀어 나오는 것을 발견하고, 이를 중성자라고 하였다.

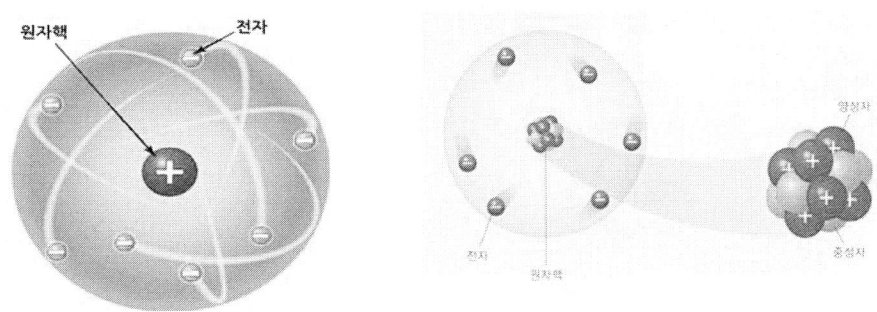

### (3) 원자의 구조

원자의 크기는 매우 작으며 원자의 종류에 따라 그 크기는 조금씩 다르다. 원자 중에서 가장 작은 원자는 수소 원자로 지름이 약 $10^{-10}$ m이다. 원자는 (+) 전하를 띠고 있는 원자핵과 그 주위에 (-) 전하를 띠면서 매우 빠르게 움직이고 있는 전자로 이루어져 있다. 원자핵은 (+) 전하를 띠는 양성자와 전하를 띠지 않는 중성자로 이루어져 있으며, 원자의 중심에 위치한다. 원자핵의 (+) 전하량과 핵 주위에 분포하는 전자의 (-) 전하량이 같으므로 원자는 전하를 띠지 않는다.

원자의 크기는 원자핵 주위의 전자가 존재하는 공간의 크기를 말하고 원자핵의 지름은 원자의 $\frac{1}{100,000}$ 정도 밖에 되지 않는다. 양성자와 전자는 전하량의 크기는 같고 부호는 반대이다. 또한 원자를 구성하는 양성자와 전자의 수는 같으므로 원자는 전기적으로 중성이다. 한편, 양성자나 중성자에 비해 전자의 질량은 매우 작으므로 원자의 질량은 원자핵의 질량과 거의 같다. 원자핵은 원자 전체의 크기에 비해 매우 작지만 원자 질량의 99.9% 이상을 차지하므로 밀도가 매우 크다. 원자를 구성하는 입자와 그 성질은 다음과 같다.

| 입자 | | 전하량(C) | 상대적 전하량 | 질량(g) | 상대적 질량(g) |
|---|---|---|---|---|---|
| 원자핵 | 양성자 | $+1.602 \times 10^{-19}$ | $+1$ | $1.673 \times 10^{-24}$ | 1 |
| | 중성자 | 0 | 0 | $1.675 \times 10^{-24}$ | 1 |
| 전자 | | $-1.602 \times 10^{-19}$ | $-1$ | $9.110 \times 10^{-28}$ | 1/1,837 |

## 2. 원자 번호와 질량수

### (1) 원자 번호와 질량수

자연계에 존재하는 원자들은 수소를 제외하고는 모두 양성자, 중성자, 전자로 구성되어 있지만 그림의 원자 모형을 보면 각 원자들을 구성하는 양성자, 전자 및 중성자 수가 서로 다름을 알 수 있다.

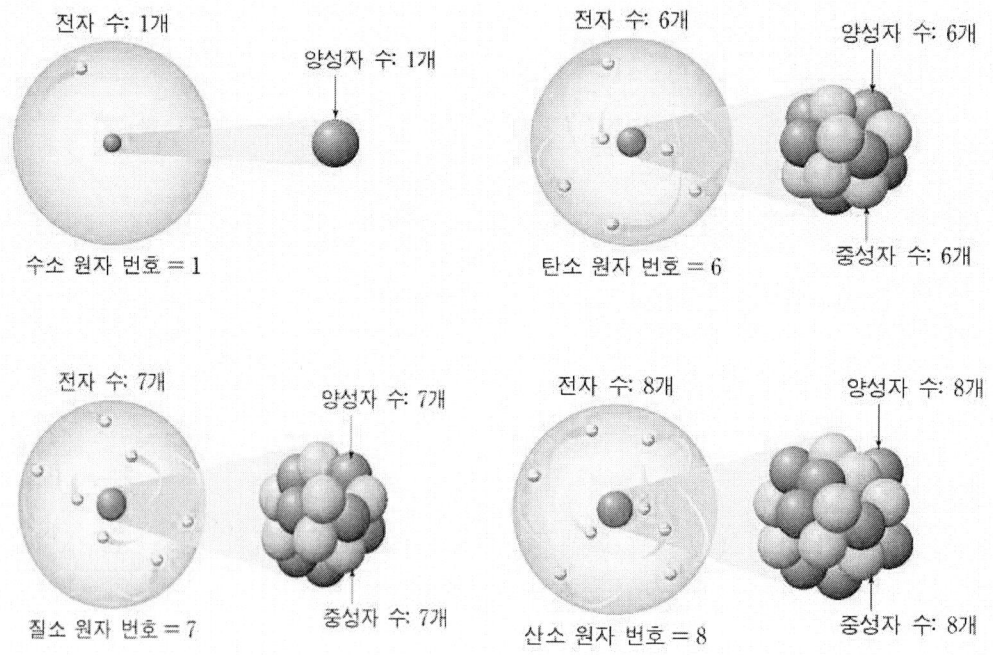

물질의 화학 반응은 원자의 바깥 부분에 있는 전자를 주거나 받거나 또는 서로 공유하면서 일어나기 때문에 원소의 화학적 성질은 전자 수에 따라 달라지고 중성 원자에서 전자 수는 원자핵에 존재하는 양성자 수에 의해 결정되기 때문에 결국 양성자 수가 원소의 종류를 결정한다고 할 수 있다. 그리고 화학 반응중에 전자 수는 변할 수 있지만 양성자 수는 일정하게 유지되므로 양성자 수를 그 원자의 원자 번호로 사용하고 있으며 같은 원소의 원자는 모두 같은 원자 번호를 갖는다.

### 원자 번호 = 양성자 수 = 중성 원자의 전자 수

앞서 언급했듯이 전자의 질량은 양성자나 중성자에 비해 무시할 수 있을 정도로 작으므로, 원자의 질량은 양성자 수와 중성자 수로 결정된다. 양성자와 중성자는 질량이 거의 비슷하므로 양성자수와 중성자 수를 합한 수를 원자의 질량으로 나타내고 이것을 질량수라고 한다.

## 질량수 = 양성자 수 + 중성자 수

어떤 원자를 표시할 때는 원소 기호의 왼쪽 위에 질량수를 쓰고, 왼쪽 아래에 원자 번호를 쓴다. 원자 번호는 원소에 따라 정해진 값이므로 생략하기도 한다. 질량수와 원자 번호로부터 원자를 이루는 양성자, 전자, 중성자 수를 알 수 있다.

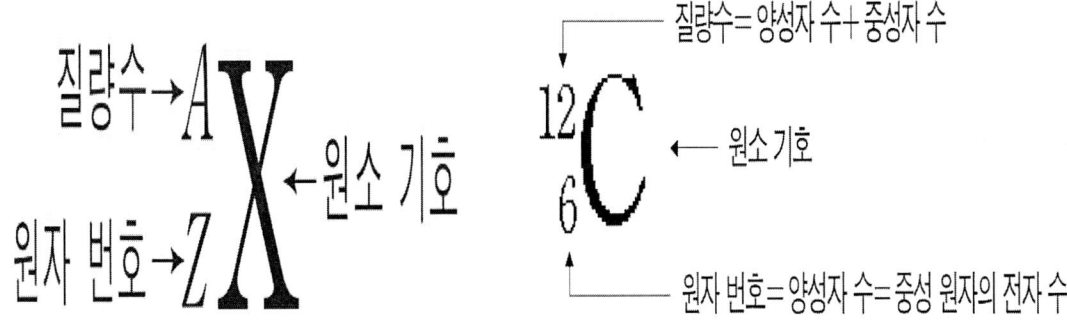

자연계에 존재하는 같은 종류의 원자는 양성자 수는 항상 같지만 중성자 수가 다를 수 있다. 이와 같이 양성자 수는 같으나 중성자 수가 달라 질량수가 다른 원소들을 동위원소라고 한다. 그림과 같이 수소 원자는 중성자 수가 0, 1, 2인 세종류가 있다.

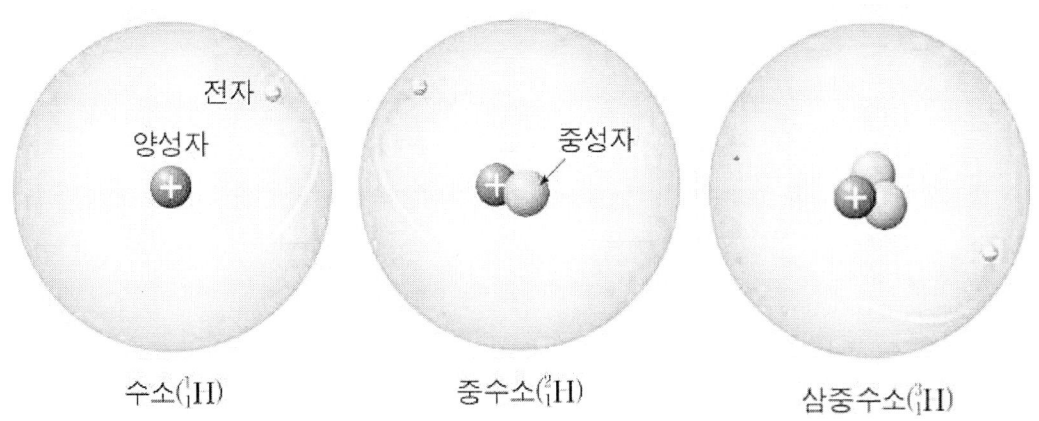

자연계에 존재하는 수소 원자들의 거의 대부분은 양성자 1개만 가지고 있을 뿐 중성자를 가지고 있지 않으므로 질량수가 1이다. 그러나 양성자와 중성자를 1개씩 가지고 있어 질량수가 2인 수소 원자도 0.015%가 존재하고 이것을 무거운 수소라는 뜻으로 중수소라고 한다. 매우 적은 양이지만 양성자 1개와 중성자 2개를 가지는 수소 원자도 있는데, 이러한 수소 원자를 삼중수소라고 한다.

아래의 표와 같이 대부분의 원소들은 동위원소를 가지고 있으며, 자연계에 존재하는 각 동위원소의 존재 비율은 다르지만, 같은 원소의 동위 원소의 존재 비율은 거의 일정하다. 같은 원소의 동위 원소는 양성자 수와 전자 수가 같으므로 화학적 성질이 같으나 질량수가 달라 물리적 성질에는 약간의 차이가 있다.

원자량은 양성자 6개와 중성자 6개를 갖는 탄소 원자($^{12}C$)의 질량을 12.000으로 정하여 다른 원자의 상대적 질량을 나타낸 것이다. 따라서 양성자와 중성자의 상대적 질량은 거의 1이며, 각 동위 원소의 원자량은 질량수와 거의 비슷한 수로 나타난다.

| 원소 | 원자번호 | 동위원소 | 양성자 수 | 중성자 수 | 질량수 | 원자량 | 존재비율(%) |
|---|---|---|---|---|---|---|---|
| 탄소 | 6 | $^{12}C$ | 6 | 6 | 12 | 12.000 | 98.892 |
| | | $^{13}C$ | 7 | 7 | 13 | 13.003 | 1.108 |
| 질소 | 7 | $^{14}N$ | 7 | 7 | 14 | 14.003 | 99.634 |
| | | $^{15}N$ | 7 | 8 | 15 | 15.000 | 0.366 |
| 산소 | 8 | $^{16}O$ | 8 | 8 | 16 | 15.995 | 99.762 |
| | | $^{17}O$ | 8 | 9 | 17 | 16.995 | 0.038 |
| | | $^{18}O$ | 8 | 10 | 18 | 17.999 | 0.200 |
| 염소 | 17 | $^{35}Cl$ | 17 | 18 | 35 | 34.969 | 75.770 |
| | | $^{37}Cl$ | 17 | 20 | 37 | 36.966 | 24.230 |

### (2) 원자 내에 작용하는 힘

원자는 양성자와 전자 그리고 중성자로 구성되어 있다. 이들 중 양성자와 전자는 전하를 띠고 있어서 이들 사이에는 전기력이 작용한다. 즉, 다른 전하를 띠는 원자핵과 전자들은 서로 끌어당기는 인력이 작용하고 같은 전하를 띠는 전자들 사이에는 밀어내는 반발력이 작용하게 된다. 이것은 두 입자 사이의 거리가 가까울수록 더 강하게 작용한다.

원자핵을 구성하고 있는 양성자들 사이에도 밀어내는 반발력이 존재하지만 이들은 핵력이라는 더 큰 힘에 의해서 원자핵내에 가깝게 모여 있으면서도 안정한 원자핵을 구성할 수 있다. 핵력은 양성자와 중성자들이 매우 가까운 거리에 존재할 때 양성자와 양성자, 양성자와 중성자, 중성자와 중성자 사이에 작용하는 매우 강한 인력으로 전기력보다 100배이상 강한 힘이다. 그렇기 때문에 원자핵내의 양성자가 서로간의 반발력에도 불구하고 아주 근접하게 모여서 안정한 원자핵을 이룰 수 있는 것이다.

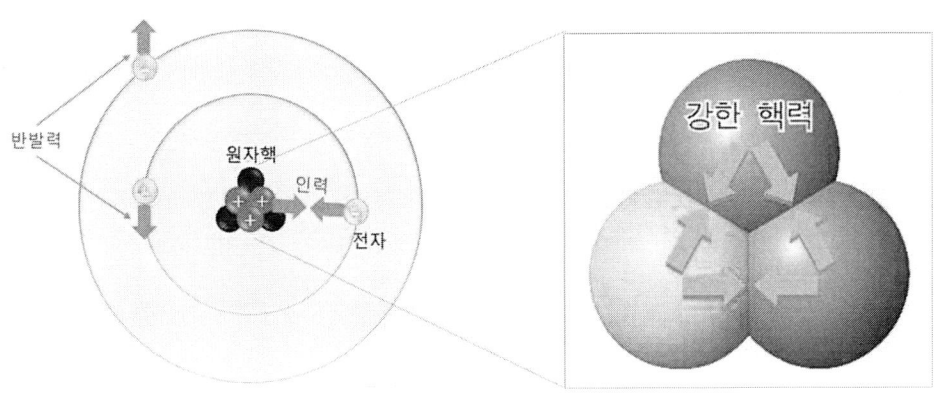

### (3) 방사성 동위원소

동위 원소 중에는 원자핵이 불안정하여 스스로 다른 종류의 원자핵으로 변화하면서 방사선을 내는 것들이 있다. 이러한 원소를 방사성 동위원소라고 한다. 아래 그림은 자연계에 존재하는 안정한 원자핵들의 양성자 수와 중성자 수를 표시한 그래프이다.

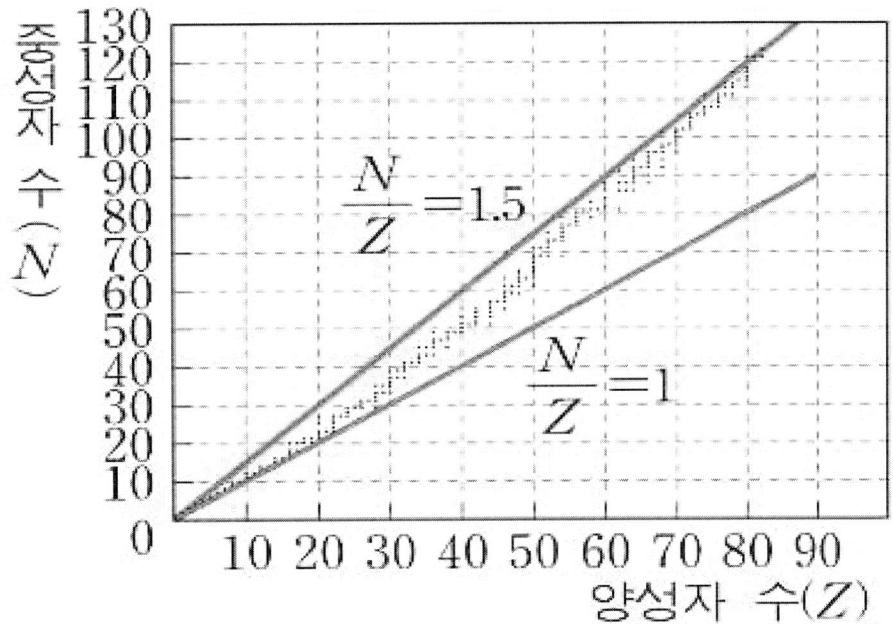

원자 번호 1~10번의 작은 원소의 원자핵은 중성자와 양성자 수의 비율이 1:1 정도일 때, 원자 번호 70~80번의 큰 원소는 비율이 1:1.5 정도일 때 원자핵이 안정하다. 즉, 원자핵은 원자번호가 커질수록 양성자 수가 늘어나게 되어 이들간의 전기적 반발력이 증가하게 되고 이들을 제어할 핵력을 얻기 위해서 중성자가 더 많이 필요하게 된다. 하지만, 원자 번호 83번, 질량수 209 이상인 무거운 원소들은 안정한 원자핵이 없다. 이것은 원자핵에서 양성자 간의 반발력은 매우 큰 반면에 양성자와 중성자 간의 거리가 멀어서 핵력이 잘 작용하지 못하기 때문이다.

이처럼 중성자 수와 양성자 수의 비율은 원자핵의 안정성에 영향주고 중성자와 양성자의 비율이 적당하지 않은 경우 원자핵이 불안정하여 안정한 원자핵으로 변화하기 위해서 스스로 방사성 붕괴가 일어나게 된다. 이때 많은 양의 에너지와 함께 작은 입자나 전자기파가 방출되기도 한다. 이런 원자핵의 변화가 일어나는 반응을 핵반응이라고 하며, 방사성 붕괴도 핵반응의 일종이다.

많은 수의 양성자와 중성자로 이루어져 있는 무거운 원소는 헬륨의 원자핵을 내놓으면서 더 가벼운 원소로 변환한다. 이때 방출되는 헬륨의 원자핵을 알파(α) 입자(알파선)라고 한다. 이때 원자핵의 변화는 원자번호는 2가 감소하고 질량수는 4만큼 감소한다.

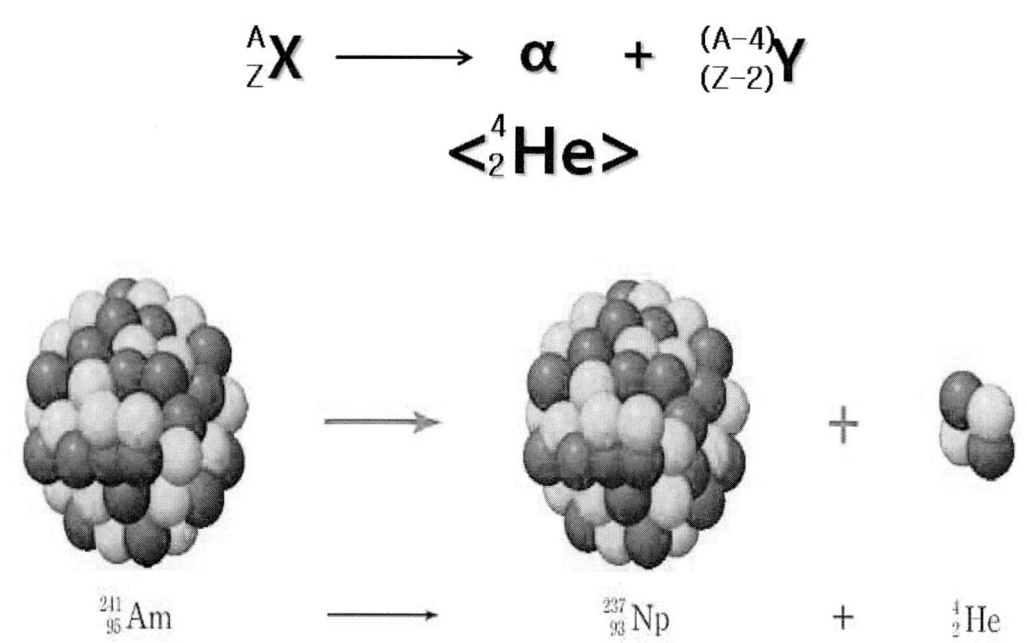

원자핵 안에 중성자가 적정 비율보다 많은 핵은 1개의 중성자가 양성자와 전자로 변한다. 이때 방출되는 전자를 베타(β) 입자(베타선)라고 한다. 원자핵의 변화는 원자번호가 1이 증가하고 질량수에는 변화가 없다.

$$N \rightarrow P^+ + e^- + \bar{V}$$

중성자　　　양자　　　음전자　　　중성미자

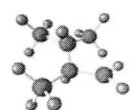

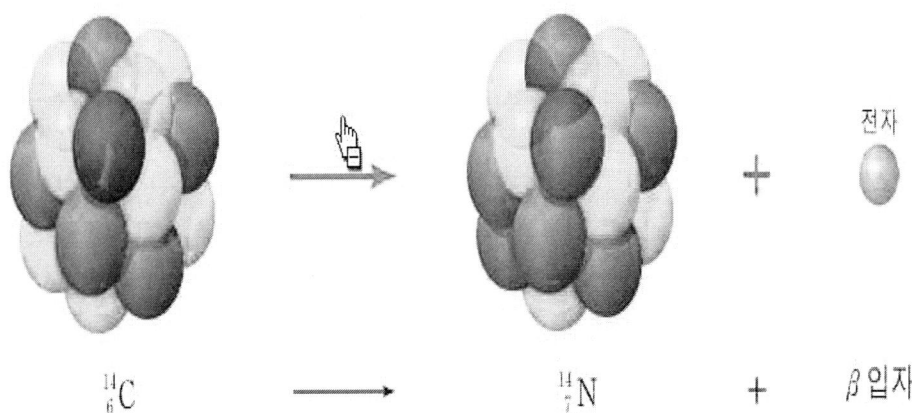

방사성 붕괴가 일어난 후의 핵은 들뜬 상태에 있는 경우가 많아서 곧바로 여분의 에너지를 전자기파 형태로 내보내고 안정한 상태가 된다. 이때 내놓는 전자기파를 감마(γ)선이라고 한다.

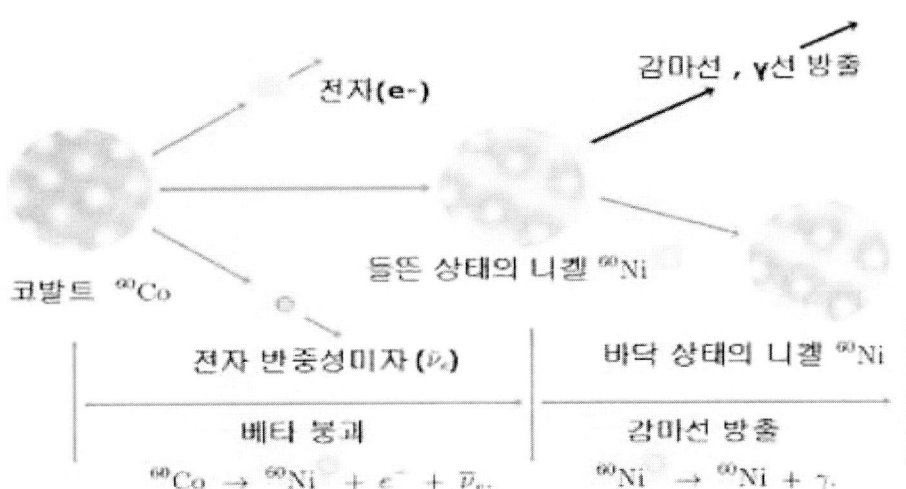

또 다른 방사성 붕괴는 원자핵 속의 양성자가 중성자와 양전자로 변하면서 양전자를 방출하고 다른 핵종으로 변하는 양전자 방출 (positron emission)이다. 양전자는 전자와 질량은 같지만 전자와 반대 전하를 갖는 입자이다. 이때 원자핵은 양성자가 하나 줄고 중성자가 하나 늘어나게 되어 원자번호는 1감소하고 질량수에는 변화가 없다.

$$P^+ \rightarrow N + e^+ + \bar{V}$$

양자  　　중성자　　 양전자　　 중성미자

전자포획(Electron capture)는 원자핵속의 양성자가 내부 궤도전자를 포획하여 중성자로 변하게 되고 이어서 높은 껍질에 있는 전자로부터 전자포획으로 비어 있는 낮은 껍질로 전자가 떨어질 때 x-선이 방출된다. 이때 원자핵은 양성자가 하나 줄고 중성자가 하나 늘어나게 되어 원자번호는 1감소하고 질량수에는 변화가 없다.

$$P^+ + e^- \rightarrow N + \bar{V}$$
양자  궤도전자  중성자  중성미자

지금까지 설명한 방사성 붕괴의 종류와 그에 따른 원자핵의 변화를 아래와 같이 요약할 수 있다.

| 붕괴방식 | 붕괴내용 | 양자 | 중성자 | 질량수 |
|---|---|---|---|---|
| 알파(α)붕괴 | $^4$He 핵 방출 | -2 | -2 | -4 |
| 베타⁻(β⁻) 붕괴 | 음전자(electron) 방출 | +1 | -1 | 0 |
| 감마선(γ) 붕괴 | 광자방출로 붕괴 후 감마선 방출 | 0 | 0 | 0 |
| 양전자방출 | 양전자(positron) 방출 | -1 | +1 | 0 |
| 전자포획 | 궤도전자를 핵내로 흡수 | -1 | +1 | 0 |

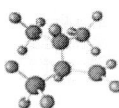

# § HOME WORK

· 전자 :

· 양성자 :

· 중성자 :

· 원자번호 :

· 질량수 :

· 동위원소 :

· 핵력 :

· 방사성 동위원소 :

· 핵붕괴 :

· 알파붕괴 :

· 베타붕괴 :

· 감마붕괴 :

· 양전자방출 :

· 전자포획 :

# § LECTURE NOTE

1. 원자를 구성하는 입자

(1) 전자의 발견 : (        )의 음극선 실험

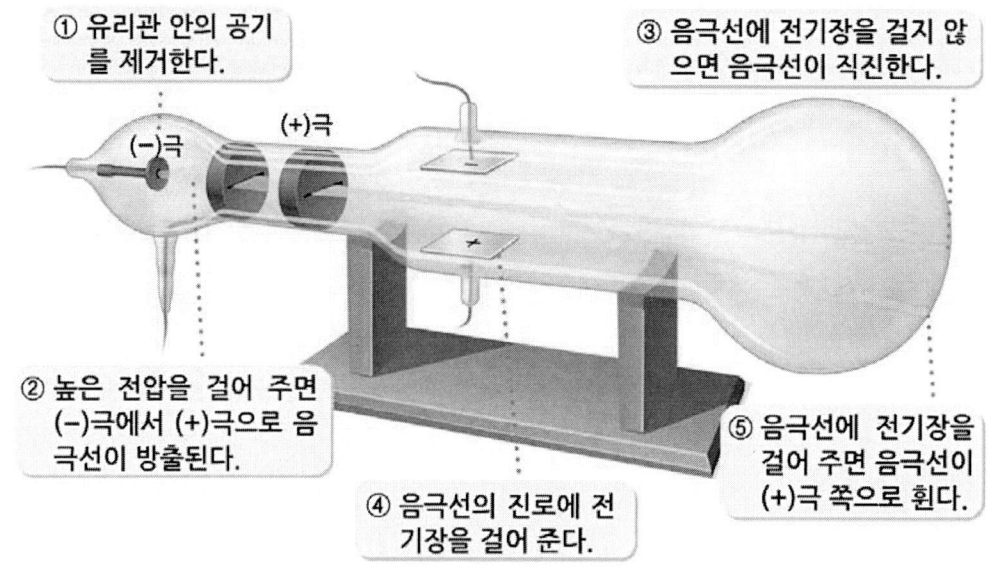

- 음극선 : _____

- 음극선의 성질

    ① 음극선에 전기장을 걸어 주면 음극선이 (      )쪽으로 휜다.

        ⇒ _____

    ② 음극선의 진행경로에 바람개비를 두면 바람개비가 돈다.

        ⇒ _____

- 전자 : _____

(2) 양극선의 발견 : (          )의 실험

    - 음극선관에 (       ) 기체를 넣고 높은 전압을 걸어 줄 때 (      )극에서 (      )극 쪽으로 이동하는 입자의 흐름을 확인

(3) 원자핵의 발견 : (        )의 실험

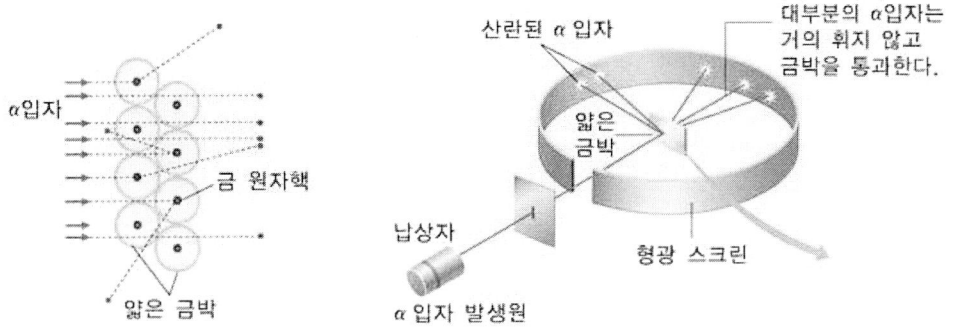

- 대부분의 입자가 금박을 통과함
- 극소수의 (        )가 정반대편으로 튕겨나옴.

  ① _____

  ② _____

(4) 중성자의 발견 : (        )의 실험

  - (        )의 원자핵에 (        )를 충돌시켰을 때, 전하를 띠지 않으며 (        )이 강한 입자가 방출 됨 ⇒ (        )

(5) 원자의 구조

  - (   )전하를 띠는 (      )이 중심에 있고, 그 주변에 (   ) 전하를 띠는 (      )가 분포
  - (        )은 (+)전하를 띠는 (        )와 전하를 띠지 않는 (        )로 구성
  - 원자는 원자핵의 (+)전하량과 전자의 (-)전하량이 같으므로 (        )를 띠지 않는다.
  - 원자 모형

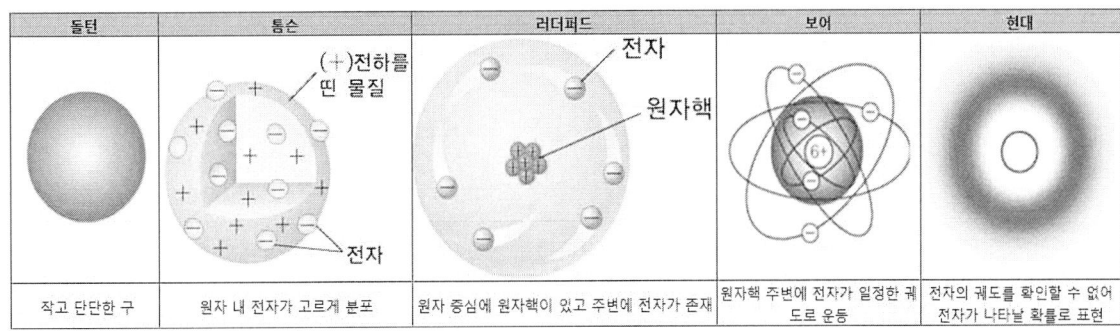

## 2. 원자 번호와 질량수

(1) 원자 번호 : _____

⇒ 원자 번호 = (          ) = (              )

(2) 질량수 : _____

⇒ 질량수 = (          ) + (            )

(3) 원자의 표시 : _____

(4) 동위원소

  - 정의 : _____

  - 같은 원소의 동위원소는 (        )와 (          )가 같으므로 (          ) 성질이 같고
    (        )이 다르므로 (          ) 성질에는 약간의 차이가 있음

  - 동위원소의 존재비를 고려해 (              )으로 원자의 질량을 나타냄

(5) 원자내에 작용하는 힘

  - 전기적 인력 : _____

  - 전기적 반발력 : _____

  - 핵력 : _____

    ⇒ 전기력 보다 100배 이상 강함

(6) 방사성 동위원소

  - 정의 : _____

  - 원자핵의 안정성은 원자핵을 구성하는 (          )와 (          )의 비율과 관계됨

    ⇒ 이 비율이 적당하지 않을 경우에 (              )가 일어남

(7) 방사성 붕괴

  - 알파붕괴 : _____

  - 베타붕괴 : _____

  - 감마붕괴 : _____

  - 양성자 방출 : _____

  - 전자포획 : _____

(8) 방사성 붕괴 방식과 질량변화

| 붕괴방식 | 붕괴내용 | 양자 | 중성자 | 질량수 |
|---|---|---|---|---|
| 알파($\alpha$)붕괴 | $^4$He 핵 방출 | -2 | -2 | -4 |
| 베타⁻($\beta^-$) 붕괴 | 음전자(electron) 방출 | +1 | -1 | 0 |
| 감마선($\gamma$) 붕괴 | 광자방출로 붕괴 후 감마선 방출 | 0 | 0 | 0 |
| 양전자방출 | 양전자(positron) 방출 | -1 | +1 | 0 |
| 전자포획 | 궤도전자를 핵내로 흡수 | -1 | +1 | 0 |

방사성 붕괴 방식과 질량변화

# § REVIEW EXERCISES

Q1. 톰슨의 음극선 실험으로부터 알 수 있는 음극선의 성질 3가지는 무엇인가?

Q2. 리더퍼드의 알파입자 산란 실험을 통해서 알게된 원자의 구조에 대해서 설명하시오.

Q3. 원자번호가 17번인 원소 X의 이온인 $X^-$의 양성자와 전자수는 각각 몇 개인가?

Q4. $^{86}$Rn원자의 양성자, 중성자, 전자의 개수는 각각 몇 개인가?

Q5. 우라늄에는 $^{235}$U와 $^{238}$U이 있다. 이들의 다른 점을 모두 고르시오.

| 전자 수   양성자 수   중성자 수   원자번호   질량수   화학적성질 |

Q6. 평균 원자량이 35.4527인 염소의 동위원소 $^{35}$Cl과 $^{37}$Cl에 대한 설명이다. 맞으면 O, 틀리면 X를 표시하시오.
   (1) $^{35}$Cl과 $^{37}$Cl의 질량수는 같다.               (     )
   (2) 중성 원자 $^{35}$Cl과 $^{37}$Cl의 전자 수는 같다.     (     )
   (3) 자연 상태의 존재 비율은 $^{35}$Cl이 $^{37}$Cl보다 크다. (     )

Q7. 다음은 방사성 붕괴에 따른 원자번호와 질량수의 변화에 대한 표이다. 빈칸을 채우시오.

| 붕괴방식 | 붕괴내용 | 양자 | 중성자 | 질량수 |
|---|---|---|---|---|
| 알파(α)붕괴 | 4He 핵 방출 | | | |
| 베타-(β-) 붕괴 | 음전자(electron) 방출 | | | |
| 감마선(γ) 붕괴 | 광자방출로 붕괴 후 감마선 방출 | | | |
| 양전자방출 | 양전자(positron)방출 | | | |
| 전자포획 | 궤도전자를 핵내로 흡수 | | | |

# V. 원자 모형과 전자 배치

## 1. 수소의 선 스펙트럼과 보어 모형

햇빛을 프리즘에 통과시키면 빛이 나누어져 연속적인 색깔의 띠로 나뉘는 것을 볼 수 있다. 빛은 전자기파의 일종으로 파동의 성질을 갖는다. 파동은 가장 높은 부분인 마루와 가장 낮은 부분인 골을 가지며, 마루에서 마루 또는 골에서 골까지의 거리를 파장이라고 한다. 그리고 1초 동안 특정한 지점을 통과하는 파동의 수를 진동수라고 한다. 파동에서 파장과 진동수는 반비례하고 빛이 전달하는 에너지는 파장에 반비례하며 진동수에 비례하기 때문에 파장이 짧고 진동수가 클수록 빛의 에너지가 커진다.

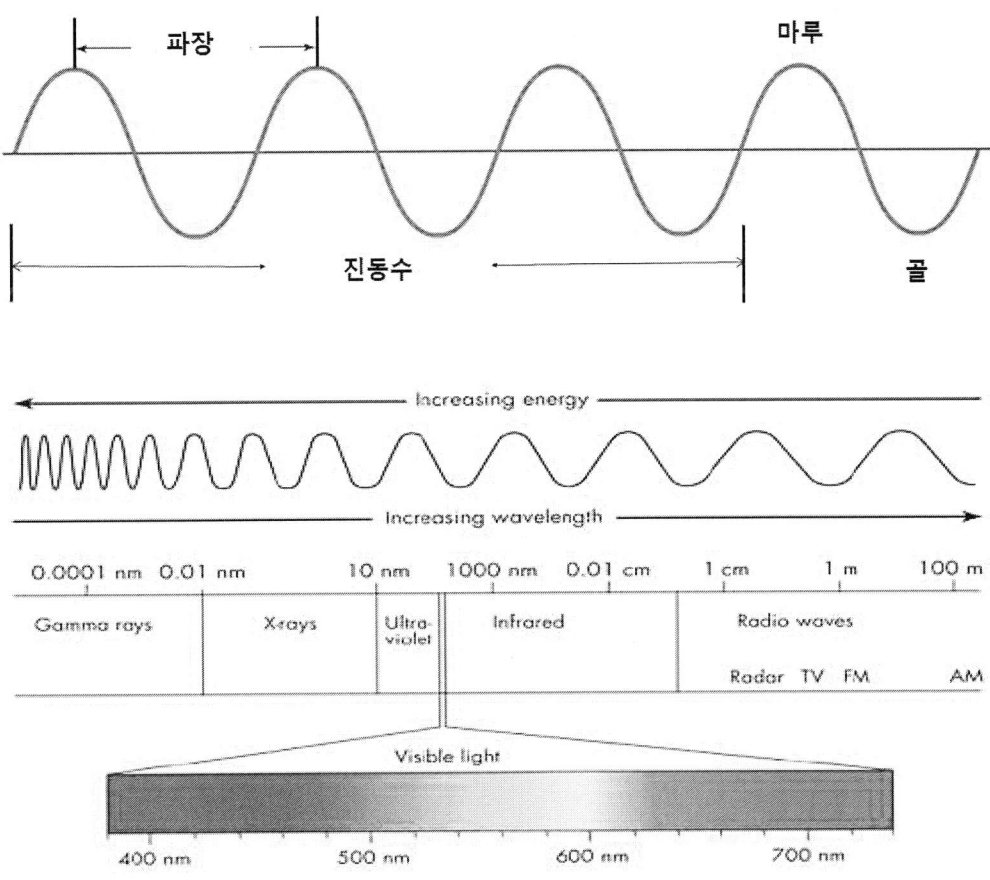

햇빛은 거의 모든 파장의 빛이 방출되기 때문에 그림처럼 연속적인 스펙트럼을 나타내지만 원자에 의해서 방출되는 빛의 스펙트럼의 경우는 원자의 종류에 따라서 특정한 파장의 빛들로 구성되어 있는 불연속적인 선 스펙트럼을 나타내는 것을 확인할 수 있다. 이러한 차이를 보이는 이유는 무엇일까?

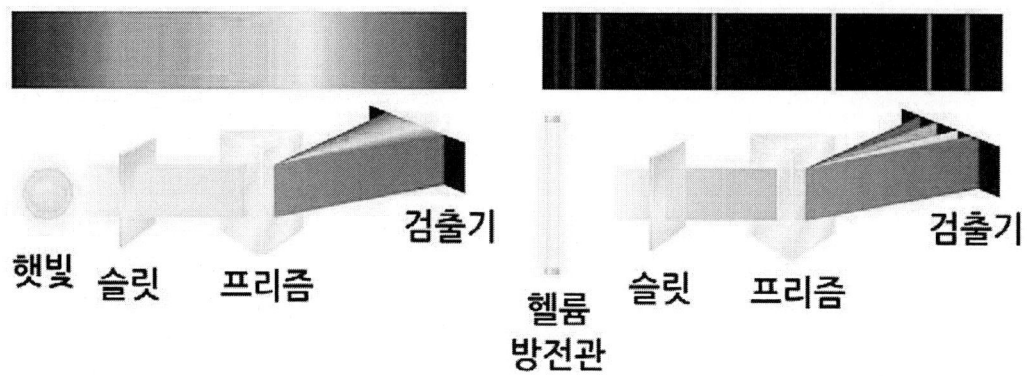

1913년 보어는 전자가 특정한 에너지 준위를 가진 궤도에만 있을 수 있다는 가설을 통해 수소 원자의 선 스펙트럼을 설명하였다.

보어의 가설

1. 원자핵 주위의 전자는 특정한 에너지를 가진 원형 궤도인 전자 껍질을 따라 빠르게 원운동하고 있으며, 전자껍질의 에너지 준위는 핵으로부터 멀어질수록 커진다.

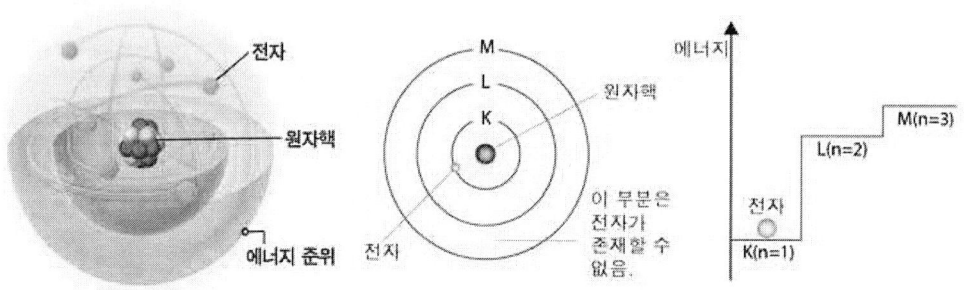

2. 전자가 같은 궤도내에서는 에너지를 흡수하거나 방출하지 않으나 에너지 준위가 다른 궤도로 이동할 때는 두 궤도 사이의 에너지 준위 차이만큼 에너지를 흡수하거나 방출한다.

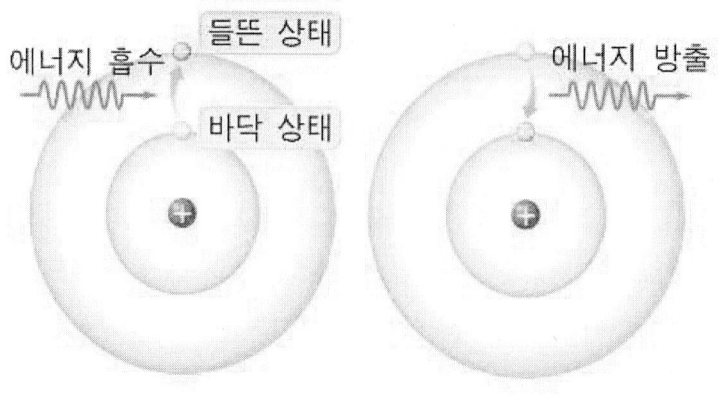

보어의 원자모형에서 전자 껍질의 에너지 준위는 원자핵에 가까울수록 안정하다. 원자를 가열하거나 전기 방전시키면 낮은 에너지 준위의 궤도에 있던 전자가 에너지를 흡수하여 높은 에너지 준위의 궤도로 들뜨게 된다. 들뜬 원자는 불안정하므로 낮은 에너지 준위로 빠르게 되돌아가면서 두 궤도의 에너지 준위 차이만큼의 빛에너지를 방출하게 된다.

보어는 수소의 스펙트럼이 선 스펙트럼으로 나타나는 것은 수소 원자의 에너지 준위가 불연속적이므로 방출되는 에너지 역시 특정에너지만 가능하기 때문이라고 설명하였다.

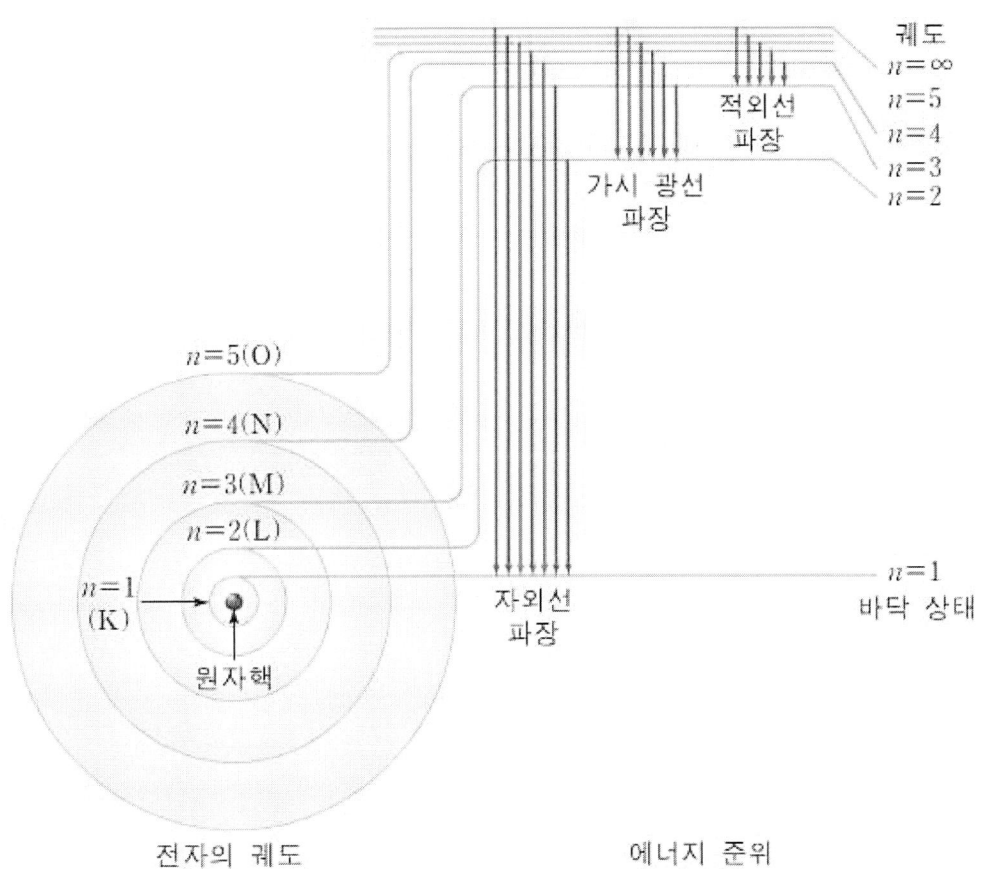

## 2. 현대 원자 모형과 전자 배치

### (1) 오비탈

보어의 원자 모형에서는 전자를 원자핵 주위를 정해진 궤도를 따라 원운동을 하는 입자로 보았다. 그러나 현대 원자 모형에서는 전자가 파동의 성질을 가지고 있고 원자 내 전자의 위치와 속도를 정확히 알 수 없으며, 다만 어느 위치에서 전자가 발견될 확률 밀도만을 나타낼 수 있다. 이때 일정한 에너지를 가진 전자가 원자핵 주위에서 발견될 확률 밀도를 나타내는 함수를 오비탈 또는 궤도함수라고 한다.

아래의 그림처럼 다전자 원자인 수은과 네온의 스펙트럼은 수소와 비교해서 훨씬 선의 수가 많고, 가까이 모여 무리를 지은 선들이 띄엄띄엄 나타난다.

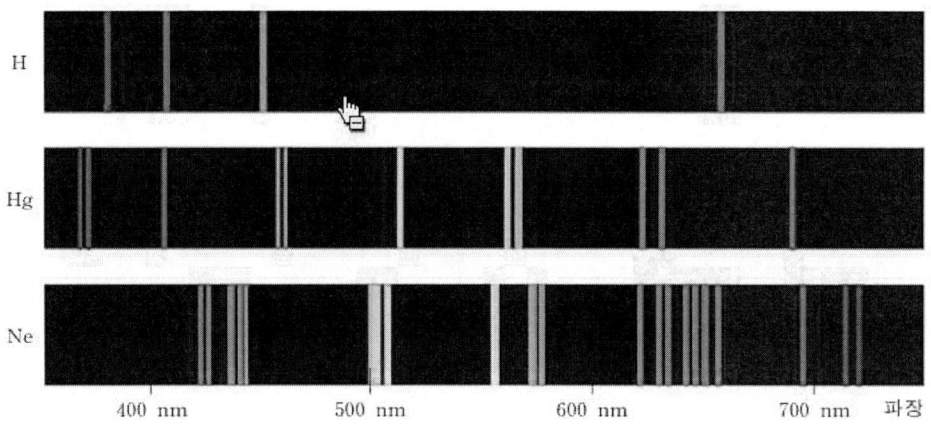

이것은 하나의 주에너지 준위(주양자수, 전자 껍질) 속에 다른 에너지 상태의 에너지 부준위(부껍질)가 존재하는 것을 의미하고 $s, p, d, f$ 등의 기호를 사용하여 나타낸다. 각 주에너지 준위는 하나 이상의 부준위를 포함하고 각 에너지 부준위는 하나 이상의 오비탈을 포함한다. 오비탈을 표시할 때는 주양자수(n)와 오비탈의 모양 표시 $s, p, d, \cdots$ 등을 함께 써서, $1s, 2s, 2p, \cdots$ 로 나타낸다. 각 전자 껍질에 따라 존재할 수 있는 오비탈의 종류가 제한되어 있다.

| 전자껍질 | K | L | | M | | | N | | | |
|---|---|---|---|---|---|---|---|---|---|---|
| 주양자수(n) | 1 | 2 | | 3 | | | 4 | | | |
| 오비탈의 종류 | s | s | p | s | p | d | s | p | d | f |
| 오비탈 수 | 1 | 1 | 3 | 1 | 3 | 5 | 1 | 3 | 5 | 7 |
| 오비탈의 총 수 | 1 | 4 | | 9 | | | 16 | | | |
| 최대 수용 전자수 | 2 | 8 | | 18 | | | 32 | | | |

주양자수가 1인 K껍질에 존재하는 1s 오비탈은 모양이 구형으로 전자가 발견될 확률 밀도가 방향에 관계없이 원자핵으로부터 멀어질수록 작아진다. 주양자수가 2인 L껍질에는 2s 오비탈과 2p 오비탈이 존재한다. 2s 오비탈은 1s 오비탈에 비해 전자가 원자핵에서 더 멀리 존재하므로 오비탈의 크기가 크고 에너지도 더 높다. 2p 오비탈은 아령 모양이며, x축, y축, z축을 따라 전자를 발견할 확률 밀도가 높다. 이처럼 p 오비탈은 s 오비탈과 달리 방향성이 있으며 방향에 따라 $p_x$, $p_y$, $p_z$의 3개의 오비탈로 나누어진다.

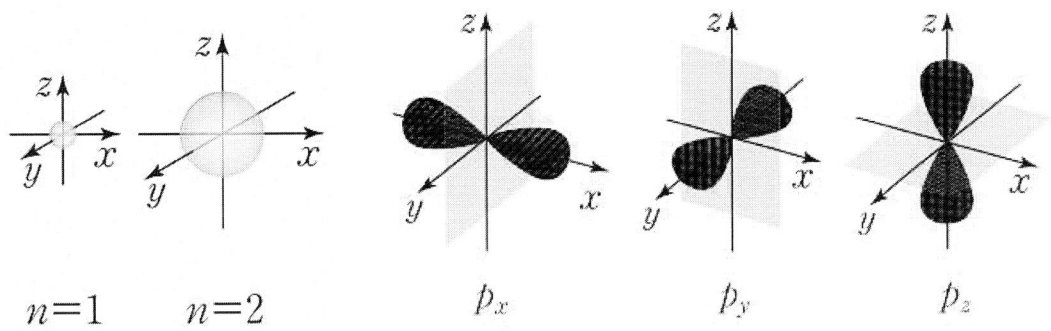

### (2) 오비탈의 에너지 준위

전자가 1개인 수소 원자에서 오비탈의 에너지 준위는 전자와 원자핵 사이에 작용하는 인력의 영향만 받으므로 주양자수에 의해서만 결정된다. 주양자수가 커질수록 전자가 원자핵에서 멀어지기 때문에 원자핵과의 인력이 약해지고 에너지 준위가 높아진다.

그러나 다전자 원자의 경우에는 원자핵과 전자 사이의 인력뿐만 아니라 전자 사이의 반발력이 작용하기 때문에, 주양자수뿐만 아니라 오비탈의 모양도 에너지 준위에 영향을 미친다. 그 결과 같은 껍질내에 존재하는 오비탈이라도 에너지의 차이가 나타난다.

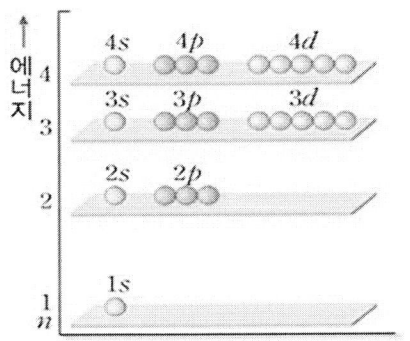

1s<2s=2p<3s=3p=3d<4s=4p=4d=...
수소원자

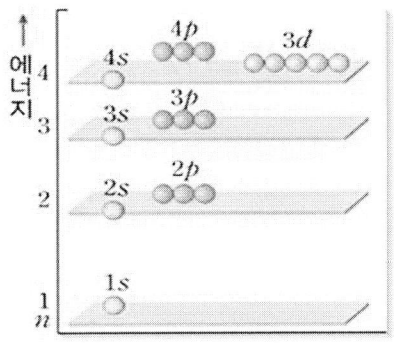

1s<2s<2p<3s<3p<4s<3d<4p<5s< ...
다전자 원자

## (3) 전자 배치

팽이가 축을 중심으로 회전하는 것처럼 전자도 그림과 같이 자체의 축을 중심으로 회전하는 성질을 갖는다. 이 성질을 스핀이라고 하며, 두 가지 스핀 방향을 화살표(↑,↓)로 나타낸다.

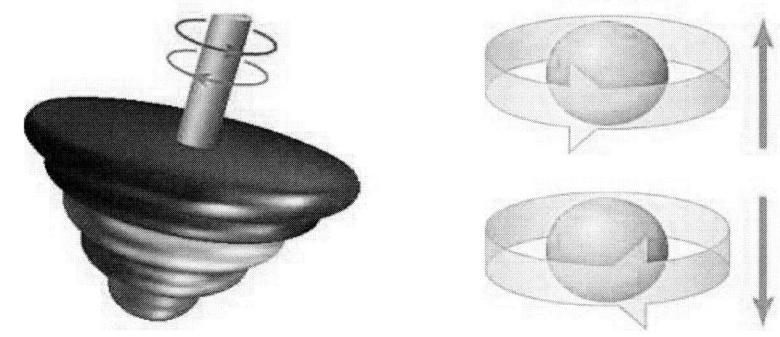

오비탈에 전자가 배치될 때에는 한 오비탈에 최대 2개의 전자가 채워질 수 있으며, 이 때 두 전자의 스핀의 방향은 달라야 한다. 이것을 파울리의 배타 원리라고 한다. 한 오비탈에 2개의 전자가 채워질 수 있으므로 $s$ 오비탈에는 2개, $p$ 오비탈에는 6개, $d$ 오비탈에는 10개, $f$ 오비탈에는 14개의 전자가 채워질 수 있다. 각 전자 껍질에 포함된 오비탈의 종류와 최대 수용할 수 있는 전자 수는 아래와 같다.

| 전자 껍질 | K | L | | M | | | N | | | |
|---|---|---|---|---|---|---|---|---|---|---|
| 주양자수 (n) | 1 | 2 | | 3 | | | 4 | | | |
| 오비탈의 종류 | $1s$ | $2s$ | $2p$ | $3s$ | $3p$ | $3d$ | $4s$ | $4p$ | $4d$ | $4f$ |
| 오비탈의 수 ($n^2$) | 1 | 1 | 3 | 1 | 3 | 5 | 1 | 3 | 5 | 7 |
| | 1 | 4 | | 9 | | | 16 | | | |
| 최대수용전자 수 ($2n^2$) | 2 | 8 | | 18 | | | 32 | | | |

바닥 상태 원자의 전자 배치는 그림과 같이 에너지가 가장 낮은 오비탈로부터 차례대로 채워진다. 이것을 쌓음 원리라고 한다.

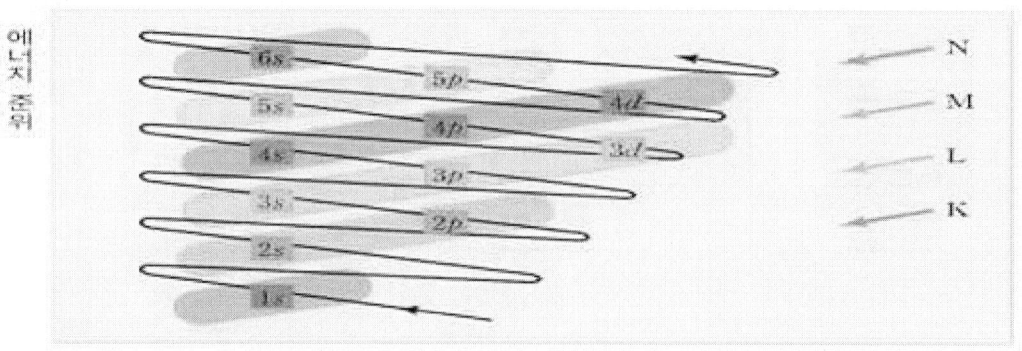

1s < 2s < 2p < 3s < 3p < 4s < 3d < 4p < 5s < 4d < 5p < 6s ···

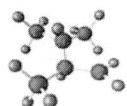

전자 배치를 표시할 때에는 오비탈 기호의 오른쪽 위에 전자 수를 나타내거나 상자 속에 전자의 스핀 방향을 화살표로 나타낸다. 원자 번호 1~5번까지 원자는 전자를 파울리 배타 원리와 쌓음의 원리에 따라 차례로 채워나가면 바닥 상태 전자 배치를 적을 수 있다.

$$\begin{array}{c} & 1s & 2s & 2p & \text{전자 배치} \\ _3\text{Li} & [\uparrow\downarrow] & [\uparrow] & & 1s^2\,2s^1 \\ _5\text{B} & [\uparrow\downarrow] & [\uparrow\downarrow] & [\uparrow] & 1s^2\,2s^2\,2p^1 \end{array}$$

그러나 원자 번호 6번인 탄소의 경우는 2p 오비탈에 전자 2개가 채워져야 하는데 (가)와 (나)의 배치를 갖을 수 있다. (가)처럼 한 오비탈에 전자 2개가 동시에 들어가면 전자들 사이의 반발이 더 크게 작용하므로 원자가 불안정해지기 때문에 (나)처럼 $2p_x$, $2p_y$, $2p_z$ 중 2개의 오비탈에 전자가 1개씩 들어가는 안정한 배치이다. 이것을 훈트 규칙이라고 한다. (나)의 배치처럼 파울리의 배타원리, 쌓음 원리, 훈트 규칙을 모두 만족하는 경우는 안정한 전자배치이고 (가)의 경우처럼 어긋난 전자 배치는 들뜬 상태가 된다.

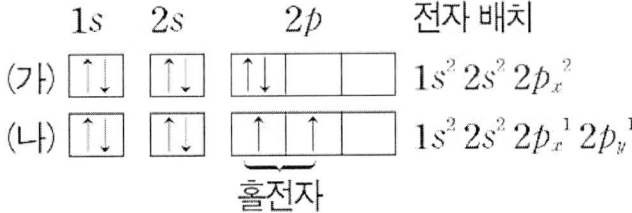

원자가 전자를 잃거나 얻어서 이온이 될 때 전자 배치에도 변화가 생긴다. 원자가 양이온이 될 때에는 에너지가 가장 높은 오비탈의 전자를 차례로 잃게 되고 음이온이 될 때는 전자가 채워지지 않은 오비탈 중에서 가장 에너지가 낮은 오비탈부터 차례로 채워지게 된다. 예를 들어 나트륨 이온($Na^+$)은 나트륨 원자(Na)가 에너지 준위가 가장 높은 3s 오비탈의 전자를 잃어서 생성되고 플르오린화 이온($F^-$)은 플루오린 원자(F)가 2p 오비탈에 전자 한 개를 받아들여 생성된다.

원자가 이온이 될 때에는 비활성 기체와 같은 전자 배치를 가지려는 경향이 있다. 따라서 최외각 전자 껍질에 배치된 전자가 1개인 원소는 전자 1개를 잃고 1가의 양이온이 되기 쉬우며, 최외각 전자 껍질에 배치된 전자가 7개인 원소는 전자 1개를 얻어서 1가의 음이온이 되기 쉽다.

(4) 보어의 원자 모형에 의한 원자의 전자 배치

보어의 원자 모형에 의한 전자 배치는 각 전자 껍질에 채워지는 전자 수를 나타낸 것으로 전자는 에너지 준위가 낮은 K 전자 껍질부터 차례로 채워지며, 각 전자 껍질에 채워질 수 있는 최대 전자 수는 표와 같이 제한되어 있다.

| 전자 껍질 | K | L | M | N |
|---|---|---|---|---|
| 주양자수 (n) | 1 | 2 | 3 | 4 |
| 최대수용전자 수 ($2n^2$) | 2 | 8 | 18 | 32 |

예를 들어 전자 3개를 가진 리튬은 K (2) L (1)과 같이 전자 11개를 가진 나트륨은 K (2) L (8) M (1)과 같이 전자 배치는 다음과 같이 표시할 수 있다. 그리고 원자 번호 1~18번까지의 원자들의 바닥상태 전자 배치를 보어의 원자 모형에 따라 배치해보면 아래의 그림과 같다. 원자의 최외각 전자 껍질에 존재하는 전자를 원자가 전자라고 하고 이것이 그 원소의 화학적 성질을 결정한다. 즉, 아래 그림에서 원자가 전자의 수가 같은 F과 Cl, Be과 Mg은 화학적 성질이 비슷하다.

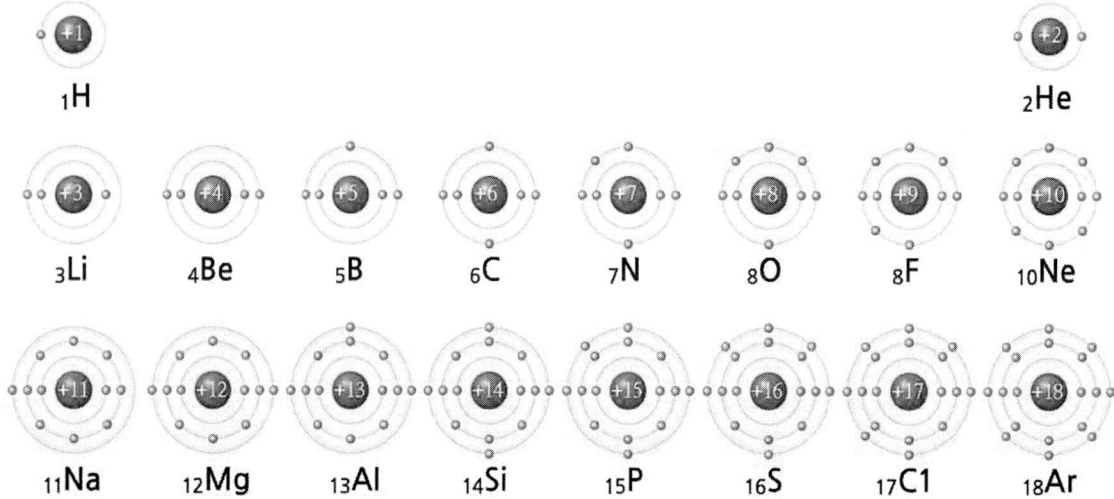

# § HOME WORK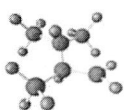

· 파장 :

· 진동수 :

· 오비탈 :

· 파울리 배타 원리 :

· 쌓음 원리 :

· 훈트 규칙 :

· 원자가 전자 :

# § LECTURE NOTE

1. 수소의 선 스펙트럼과 보어 모형

(1) 빛의 진동수, 파장, 에너지의 관계

- 파장 : _____
- 진동수 : _____
- 파장과 진동수는 (          )하고, 진동수와 빛의 에너지는 (        )한다.
  ⇒ 진동수가 (      ), 파장이 (      ) 빛의 에너지가 높다.

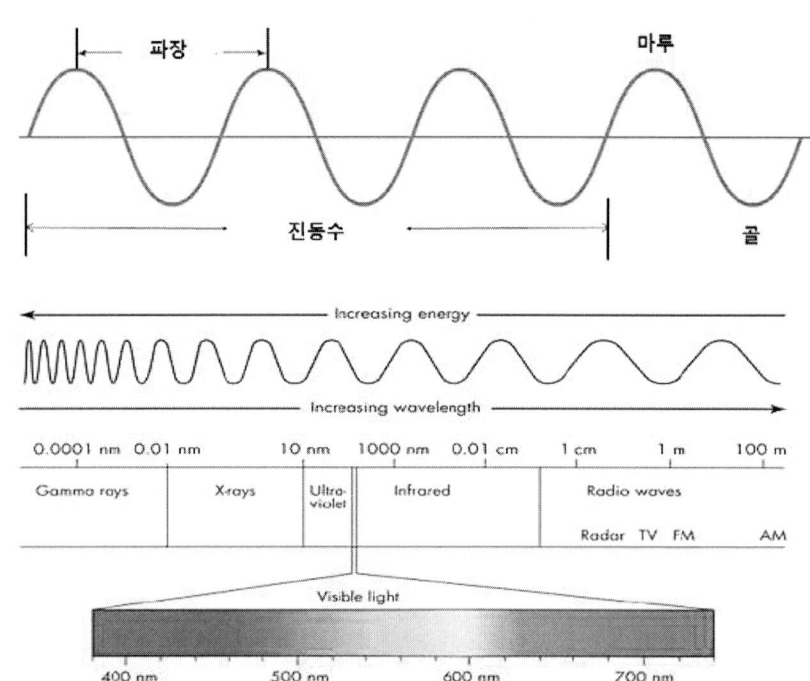

(2) 수소의 선 스펙트럼

- 수소 원자를 방전시키면 에너지를 흡수하여 (        )로 되었다가 다시 (        )로 되돌아오면서 빛을 방출
- 불연속적인 선스펙트럼을 보임

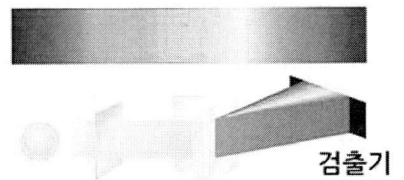
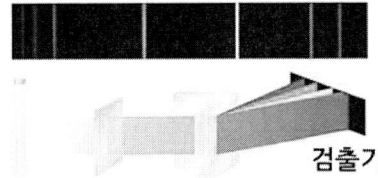

(3) 보어의 가설

- 
- 

## 2. 현대 원자 모형과 전자 배치

(1) 오비탈

- 정의 : 
- 종류 : 
  ⇒ (　　　)에 따라 존재 할 수 있는 오비탈의 종류가 제한됨
- s오비탈 : (　　)모양, 전자를 발견할 확률 밀도가 (　　)에 관계 없이 핵으로부터의 (　　)에만 의존
- p오비탈 : (　　)모양, 핵으로부터의 (　　)에 따라 전자를 발견할 확률밀도가 다름

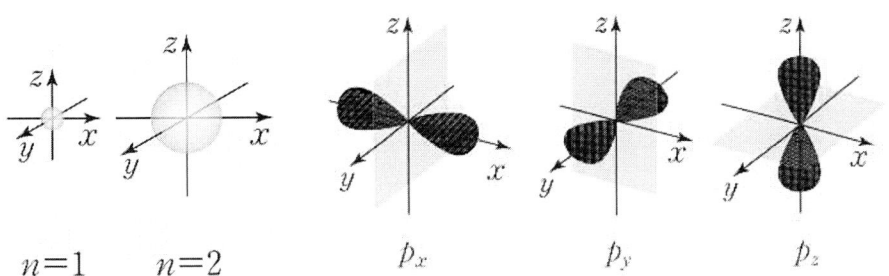

$n=1$　$n=2$　　$p_x$　　$p_y$　　$p_z$

- 오비탈의 에너지 준위

　① 수소 원자 : (　　　　)에 의해서만 결정

　　⇒ 1s<2s=2p<3s=3p=3d<4s=4p=4d=…

② 다전자 원자 : (          )와 (          )의 모양에 의해 결정

⇒ 1s<2s<2p<3s<3p<4s<3d<4p<5s< …

(2) 전자 배치

- 스핀 : _____

⇒ 두 가지 스핀 방향을 화살표 (↑, ↓)로 나타냄

- 파울리 배타 원리 : _____

- 쌓음의 원리 : _____

- 훈트의 규칙 : _____

⇒ 전자들 사이의 (      ) 반발력을 줄이기 위해

- 원자가 이온이 될 때 전자 배치의 변화

① 양이온의 생성 : 에너지가 가장 (      ) 오비탈의 전자를 잃음

② 음이온의 생성 : 채워지지 않은 오비탈 중 에너지가 가장 (      ) 오비탈에 전자를 채움

$_{11}Na : 1s^22s^22p^63s^1$    $_9F : 1s^22s^22p^5$
$_{11}Na^+ : 1s^22s^22p^6$    $_9F^- : 1s^22s^22p^6$

(3) 보어의 원자 모형에 의한 원자의 전자 배치

- 각 전자 껍질에 채워지는 (      )를 의미

⇒ (      ) 전자 껍질부터 차례로 채워지며, 최대 전자 수는 제한

- 원자가 전자 : _____

⇒ (          ) 성질을 결정

# § REVIEW EXERCISES

Q1. 아래 그림은 마그네슘 원자($_{12}$Mg)와 그 이온의 전자배치이다. 설명이 옳으면 O, 틀리면 X를 표기하시오.

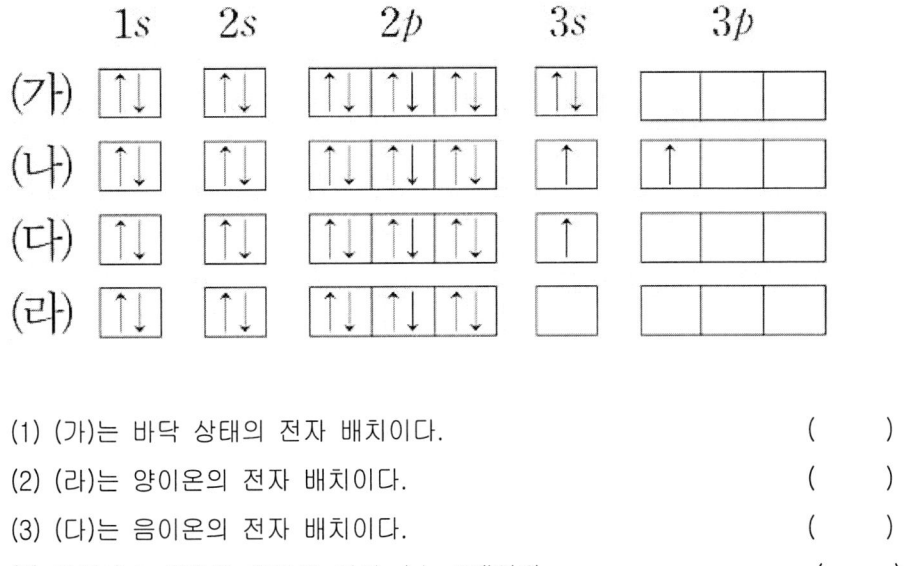

(1) (가)는 바닥 상태의 전자 배치이다. ( )
(2) (라)는 양이온의 전자 배치이다. ( )
(3) (다)는 음이온의 전자 배치이다. ( )
(4) 마그네슘 원자의 원자가 전자 수는 2개이다. ( )

Q2. 다음은 오비탈을 표기한 것이다. 각각이 옳은 조합인지 결정하고 옳지 않다면 이유를 설명하시오.
(1) $1p$      (2) $2s$      (3) $3f$      (4) $4p$

Q3. $_{16}$S의 전자 수는 14개이므로 바닥 상태 전자 배치에서 전자가 채워진 오비탈의 수와 홀전자의 수는 각각 몇 개인가?

Q4. 주양자수(n)가 4인 N 전자 껍질에 존재하는 오비탈의 종류와 수, 최대 수용할 수 있는 전자의 수를 설명해 보자.

Q5. 다음 원자 또는 이온의 바닥 상태 전자 배치를 써 보자.
(1) $_{12}$Mg

(2) $_{12}Mg^{2+}$

(3) $_{8}O$

(4) $_{8}O^{2-}$

Q6. 원자가 양이온 될 때와 음이온이 될 때, 전자가 채워진 전자 껍질의 수는 각각 어떻게 변하는가?

Q7. 다음 원자들의 배치중에서 바닥 상태에 해당하는 것을 모두 고르시오.

(1) $_{6}C\ 1s^2\ 2s^1\ 1p_x^1\ 2p_y^1\ 2p_z^1$  (2) $_{7}N\ 1s^2\ 2s^2\ 2p_x^1\ 2p_y^2$
(3) $_{8}O\ 1s^2\ 2s^2\ 2p_x^1\ 2p_y^2\ 2p_z^1$  (4) $_{9}F\ 1s^2\ 2s^2\ 2p_x^1\ 2p_y^2\ 2p_z^2$

Q8. 어떤 원자 Z의 양성자는 19개이다. 이 원자의 바닥 상태 전자 배치를 쓰고, 이 원자가 안정한 이온이 되었을 때의 이온식을 쓰시오.

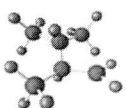

# VI. 주기율과 원소

## 1. 주기율과 주기율표

우리 주위의 물질들은 원소로 이루어져 있다. 각각의 원소들은 녹는점, 끓는점, 밀도, 전기 전도성, 반응성 등 물질의 성질이 서로 다르다. 그렇지만 이들 중에는 성질이 매우 비슷한 원소들도 있다. 예를 들어 금속 원소 중 리튬, 나트륨, 칼륨은 성질이 매우 비슷하며, 비금속 원소 중에서도 염소, 브로민, 아이오딘은 반응성이 매우 크며, 금속 나트륨과 격렬히 반응하는 성질이 비슷하다.

과학자들은 원소들의 공통된 성질을 기준으로 원소를 체계적으로 분류하려고 노력하였고 1869년에 멘델레예프는 상대 질량의 증가순으로 원소를 배열하면, 비슷한 성질이 규칙적인 패턴으로 순환한다는 것을 발견하였다. 멘델레예프는 모든 알려진 원소들을 왼쪽에서 오른쪽으로 상대적 질량이 증가되면서, 비슷한 성질을 가진 원소들이 같은 수직열에 배열되도록 정리하였다. 이것이 상대질량의 증가 순서 대신에 원자번호의 증가순으로 정렬한 현대의 주기율표로 발전하였다.

## 2. 원소의 분류

원소를 원자 번호 순으로 나열하면서 화학적 성질이 비슷한 원소가 같은 세로줄에 위치하도록 배치한 현대의 주기율표에서 세로줄을 족이라고 부르며, 1족에서 18족까지 존재한다.

주기율표에서 중 H를 제외한 Li, Na, K 등의 1족 원소는 알칼리 금속, Be, Mg, Ca 등의 2족 원소는 알칼리 토금속, F, Cl, Br, I 등의 17족 원소는 할로젠 원소라고 한다. 그리고 He, Ne, Ar 등의 18족 원소는 실온에서 모두 기체로 다른 원소들과 잘 반응하지 않아 비활성 기체라고 부른다.

주기율표에 있는 원소들은 크게 금속, 비금속, 그리고 준금속으로 분류할 수 있다. 금속(metal)은 주기율표 왼쪽에 위치하며 전기전도성, 전성, 연성 등의 비슷한 성질을 갖으며 화학반응시 전자를 잃는 경향이 있다. 비금속(nonmetal)은 주기율표 오른쪽 위에 위치하며, 대체로 비금속들은 열과 전기의 부도체이고 화학반응시 전자를 얻는 경향이 있다. 준금속은 붕소에서 아스타틴까지 내려가는 갈지자형의 대각선에 위치하며, 이것은 금속과 비금속 원소의 나누는 경계가 된다. 이들은 중간 전기 전도성 때문에 반도체라고도 부르며, 컴퓨터, 휴대폰 등의 전자장치의 생산에 유용하게 사용된다. 일반적으로 주기율표에서 금속성은 왼쪽과 아래쪽으로 갈수록 커지며, 비금속성은 오른쪽과 위쪽으로 갈수록 커지는 경향이 있다.

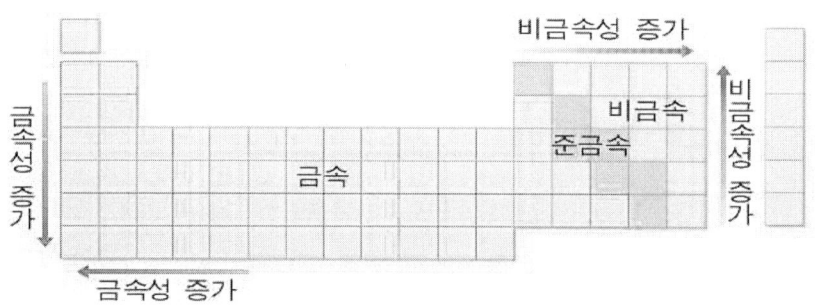

또한, 주기율표에 있는 원소들을 전형원소(main-group element)와 전이원소(transition element)로 나눌 수 있다. 전형원소는 주기율표상에서의 위치로 그들의 성질을 더 예측 가능한 경향이 있는 원소이고, 전이원소는 그들의 위치로 그들의 성질을 예측하기 어려운 원소이다.

## 3. 전자 배치와 주기율

같은 족에 속하는 원소들의 성질은 왜 비슷한 것일까? 주기율표상의 원소들의 최외각 전자 껍질의 전자 배치를 보면 족과 주기에 따라 일정한 경향을 보인다. 즉,

원자 번호 8 또는 18을 주기로 최외각 전자 껍질의 전자 배치가 비슷하게 나타난다. 즉, 같은 족 원소들은 원자가 전자 수가 같음을 알 수 있고, 앞서 언급했듯이 원자가 전자 수가 원소의 화학적 성질을 결정하기 때문에 같은 족에 위치한 원소들은 그 성질이 비슷하게 되는 것이다. 그리고 주기율표의 주기는 그 원소가 갖는 전자 껍질 수와 같고 주기가 증가할수록 전자 껍질 수가 늘어나게 되어 원자가 전자가 핵으로부터 멀리 떨어지게 된다.

| 족\주기 | 1 | 2 | 13 | 14 | 15 | 16 | 17 | 18 |
|---|---|---|---|---|---|---|---|---|
| 1 | $1s^1$ | | | | | | | $1s^2$ |
| 2 | $2s^1$ | $2s^2$ | $2s^22p^1$ | $2s^22p^2$ | $2s^22p^3$ | $2s^22p^4$ | $2s^22p^5$ | $2s^22p^6$ |
| 3 | $3s^1$ | $3s^2$ | $3s^23p^1$ | $3s^23p^2$ | $3s^23p^3$ | $3s^23p^4$ | $3s^23p^5$ | $3s^23p^6$ |
| 4 | $4s^1$ | $4s^2$ | $4s^24p^1$ | $4s^24p^2$ | $4s^24p^3$ | $4s^24p^4$ | $4s^24p^5$ | $4s^24p^6$ |
| 5 | $5s^1$ | $5s^2$ | $5s^25p^1$ | $5s^25p^2$ | $5s^25p^3$ | $5s^25p^4$ | $5s^25p^5$ | $5s^25p^6$ |
| 6 | $6s^1$ | $6s^2$ | $6s^26p^1$ | $6s^26p^2$ | $6s^26p^3$ | $6s^26p^4$ | $6s^26p^5$ | $6s^26p^6$ |
| 7 | $7s^1$ | $7s^2$ | | | | | | |
| 최외각 전자껍질의 전자 배치 | $ns^1$ | $ns^2$ | $ns^2np^1$ | $ns^2np^2$ | $ns^2np^3$ | $ns^2np^4$ | $ns^2np^5$ | $ns^2np^6$ |
| 원자가 전자 수 | 1 | 2 | 3 | 4 | 5 | 6 | 7 | 0 |

앞에서 언급했듯이 원자가 전자 수는 원소의 화학적 성질을 결정하는데, 같은 족 원소들은 원자가 전자 수가 같으므로 화학적 성질이 유사할 것임을 예측할 수 있다. 네온과 같은 18족 원소들은 최외각 전자 껍질에 전자가 8개 채워져 있으나 화학적으로 비활성이므로 원자가 전자 수를 0으로 정한다.

한편, 주기율표의 주기는 전자 껍질 수와 같다. 따라서 주기가 커질수록 전자 껍질 수가 증가하며 원자가 전자가 핵으로부터 멀리 떨어져 있다.

## 4. 원소의 주기적 성질

### (1) 원자 반지름

현대 주기율표에서 같은 족 원소들은 화학적 성질이 비슷하며, 원자 번호에 따라 물리적 성질이 규칙적으로 변화한다. 주기율표에서 주기성을 나타내는 원소의 성질에 대해서 알아보자.

주기율표의 같은 주기에서 원자 번호가 증가하면 양성자와 전자의 수가 증가되면서 원자핵과 전자 사이의 작용에도 변화가 발생한다. 그렇다면 최외각 전자 껍질에 존재하는 전자가 실제로 느끼는 핵의 (+)전하는 어떻게 될까? 전자가 1개인 수소원자는 전자에 작용하는 핵전하는 +1이지만 전자가 여러 개인 다전자 원자의 경우에는 다른 전자들이 핵의 (+) 전하를 가리게 되어 실제 핵전하보다 낮아지게 된다. 이처럼 전자가 실제로 느끼는 핵 전하를 유효핵 전하라고 하며, 그 값은 원자핵의 핵 전하보다 작은 값을 갖는다. 유효핵 전하는 같은 주기내에서는 원자 번호가 증가할수록 양성자 수가 증가하여 증가하게 된다.

현대 원자 모형에서는 전자의 발견 확률 밀도를 구름과 같이 나타내는데, 전자가 있는 곳까지를 원자의 경계라고 생각하면 원자 반지름을 정하기가 쉽지 않기 때문에 원자 반지름은 특정한 방법에 의해 정의될 수밖에 없다.

일반적으로 같은 종류와 두 원자가 결합되어 있을 때 두 원자핵 사이 거리의 반을 원자반지름으로 정의한다. 예를 들어 나트륨(Na)과 같은 금속은 나트륨 결정에서 가장 가까운 원자핵 사이 거리의 반으로 수소($H_2$), 염소($Cl_2$)와 같이 2원자 분자의 형태로 존재하는 비금속 원소는 분자의 원자핵 사이 거리의 반으로 정의한다.

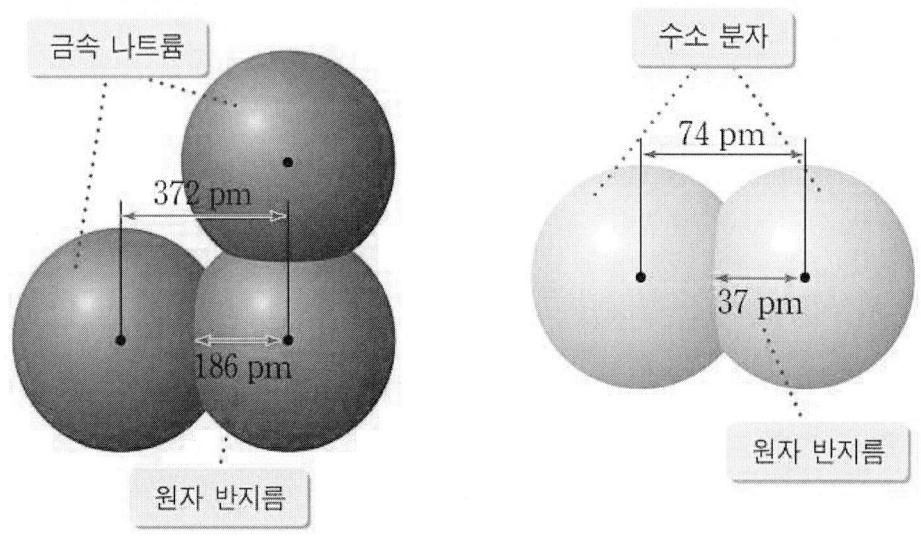

주기율표에서 원자 반지름은 비교적 규칙적으로 변화되는데 이것은 원자 반지름이 전자 껍질 수와 유효핵 전하의 영향을 받기 때문이다. 전자 껍질 수가 늘어나면 최외각 전자 껍질의 원자가 전자가 원자핵에서 멀어지므로 원자 반지름이 커지게 된다. 그리고 원자가 전자에 작용하는 유효핵 전하가 증가하면 원자핵과 원자가 전자 사이의 정전기적 인력이 증가하여 원자 반지름이 작아지게 된다. 즉, 주기율표에서 같은 족에서는 원자 번호가 증가할수록 전자 껍질의 수가 증가하여 원자의 반지름이 대체로 증가하고 같은 주기에서는 원자 번호가 증가할수록 유효핵 전하가 증가하여 원자 반지름이 대체로 감소한다.

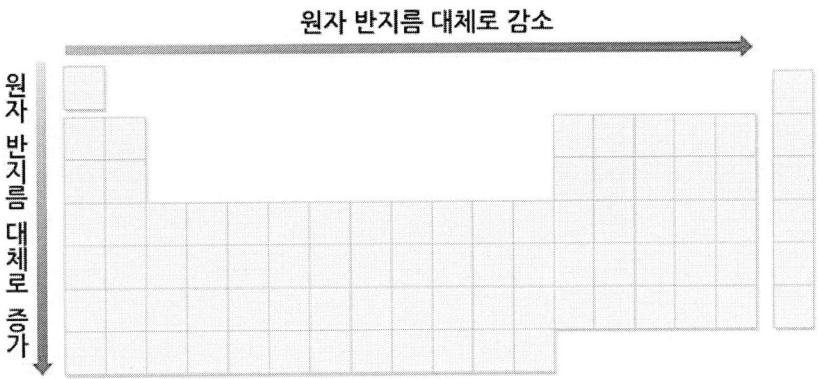

그렇다면 원소로부터 형성되는 이온들의 원자 반지름은 어떻게 될까? 양이온은 최외각 전자 껍질의 원자가 전자를 모두 잃게 되어 전자 껍질의 수가 감소하게 되어 원자 반지름이 감소하게 되고 음이온의 경우는 최외각 전자 껍질에 전자를 더 얻게 되어 전자간의 반발력이 증가하게 되어 원자 반지름이 증가하게 된다. 예를 들어 나트륨 원자가 전자를 잃고 양이온이 되면 전자 껍질 수가 감소하므로 원자일 때보다 반지름이 작아지고 플로오린 원자가 전자를 얻어 음이온이 되면 최외각 전자 껍질에 전자 수가 늘어나 전자 사이의 반발력이 증가하게 되어 원자일 때보다 반지름이 커진다.

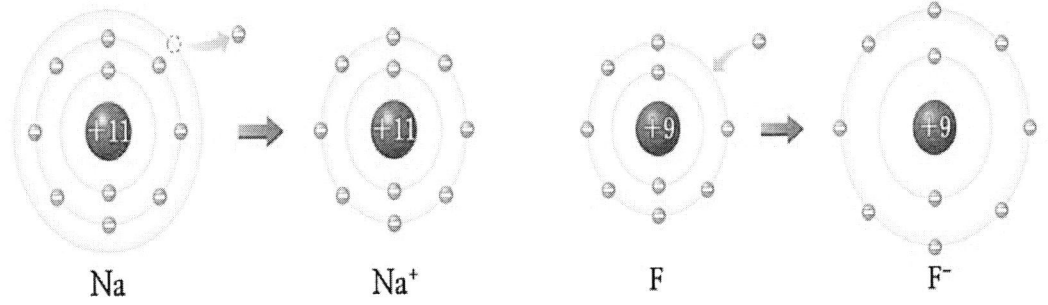

Na    Na⁺    F    F⁻

### (2) 이온화 에너지

원자 내에서 원자핵과 전자 사이에 작용하는 인력으로 인해 원자로부터 전자를 떼어 내려면 에너지가 필요하다. 이처럼 기체 상태의 원자로부터 전자 1개를 떼어 내는데 필요한 에너지를 이온화 에너지라고 하고 원자핵과 전자 사이의 인력이 강할수록 커진다.

$$M(g) + E \longrightarrow M^+(g) + e^- \quad (E : \text{이온화 에너지})$$

같은 주기에서는 원자 번호가 증가할수록 유효핵 전하가 증가하고 그로인해 원자핵과 전자 사이의 인력이 증가하기 때문에 이온화 에너지가 대체로 증가한다. 한편, 같은 족에서는 원자 번호가 증가할수록 전자 껍질 수가 증가하여 최외각 전자 껍질이 원자핵으로부터 멀리 떨어지게 되어 전자와 원자핵 사이의 인력도 감소하기 때문에 이온화 에너지가 대체로 감소한다.

그림은 원자 번호 55번까지 원자의 이온화 에너지를 나타낸 그래프로 이온화 에너지는 주기적으로 변한다. 특히 각 주기별로 보면 알칼리 금속이 최소값을 가지고 18족 비활성 기체가 최대값을 가진다. 이온화 에너지가 작으면 전자를 쉽게 잃게 되어 양이온이 되기 쉬운 반면, 이온화 에너지가 크면 전자를 잃기 어려우므로 양이온이 되기 어렵다.

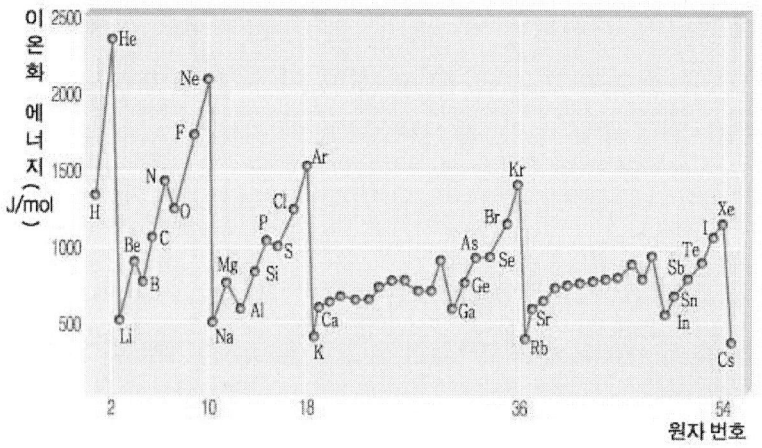

수소 이외의 다전자 원자는 한 원자로부터 차례대로 여러 개의 전자를 떼어 낼 수 있다. 첫 번째 전자를 떼어내는데 필요한 에너지를 제1 이온화 에너지($E_1$)라고 하고 이어서 차례로 제2 이온화 에너지($E_2$), 제3 이온화 에너지($E_3$)라고 하며, 이를 순차적 이온화 에너지라고 한다.

중성 원자에서 전자를 떼어낼수록 전자 간의 반발력은 감소되고, 전자와 원자핵 사이의 인력은 증가하여 순차적 이온화 에너지가 점점 증가한다. 또한, 원자에서 원자가 전자를 떼어내기는 비교적 쉽지만, 내부 전자 껍질에 있는 전자를 떼어낼때에는 이온화 에너지 급격히 증가하기 때문에 어떤 원자의 순차적 이온화 에너지로부터 그 원자의 원자가 전자수를 예측할 수 있다.

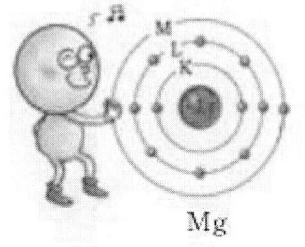
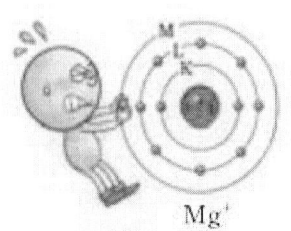
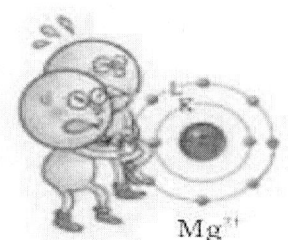

## (3) 전기음성도

원자들이 전자를 공유하면서 결합할 때 원자마다 전자를 끌어당기는 힘이 달라 공유한 전자쌍이 어느 한쪽으로 치우치게 된다. 이처럼 분자에서 각각의 원자들이 공유 전자쌍을 끌어당기는 능력을 상대적인 수치로 나타낸 것을 전기음성도라고 한다. 미국의 과학자 폴링은 전기음성도가 가장 큰 플루오린(F)을 4.0으로 정하고 다른 원자들의 전기음성도를 상대적으로 결정하였다.

전기 음성도는 같은 주기에서 원자 번호가 커질수록 대체로 증가하고, 같은 족에서는 원자 번호가 커질수록 대체로 감소한다. 이것은 같은 주기에서는 원자 번호가 커질수록 원자 반지름은 작아지고 유효핵 전하는 커지므로 원자핵과 전자 간의 인력이 강하게 작용하여 다른 원자와의 결합에서 공유 전자쌍을 세게 끌어당기기때문이고 같은 족에서는 원자 번호가 커질수록 원자 반지름이 증가하여 원자핵과 전자 간의 인력이 감소하므로 다른 원자와의 결합에서 공유 전자쌍을 끌어당기는 힘이 약해지기 때문이다.

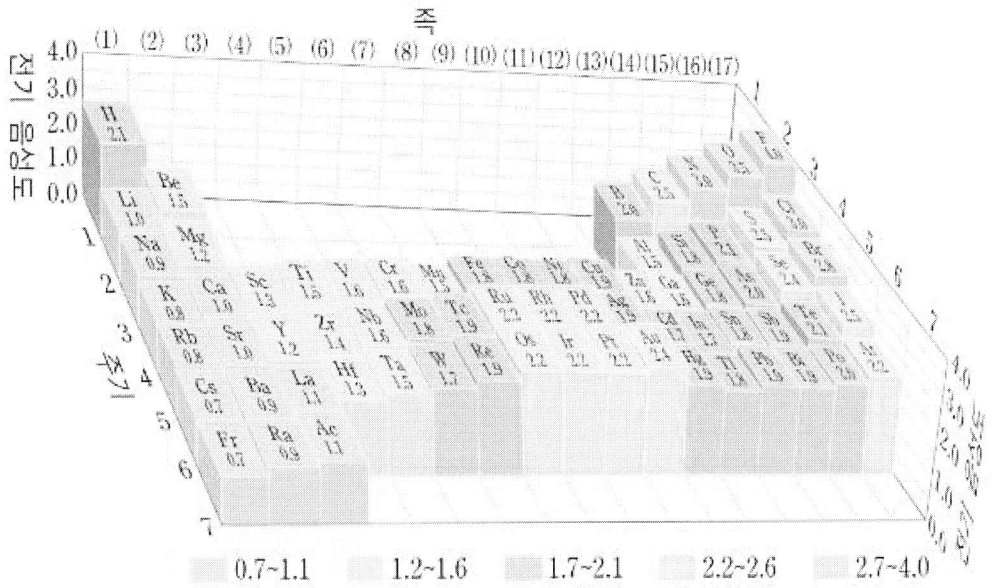

## § HOME WORK

· 주기율 :

· 주기율표 :

· 전형원소 :

· 전이원소 :

· 유효핵 전하 :

· 원자 반지름 :

· 이온화 에너지 :

· 순차적 이온화 에너지 :

· 전기 음성도 :

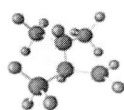

# § LECTURE NOTE

1\. 주기율과 주기율표

(1) 주기율

- ＿＿＿＿＿＿＿＿＿＿＿＿＿＿＿＿＿＿＿＿＿＿＿＿＿＿＿＿＿＿＿＿＿＿＿＿＿＿＿

(2) 주기율표

- ＿＿＿＿＿＿＿＿＿＿＿＿＿＿＿＿＿＿＿＿＿＿＿＿＿＿＿＿＿＿＿＿＿＿＿＿＿＿＿

2\. 원소의 분류

(1) 족 : 주기율표의 (　　　)로 1족에서 18족으로 분류

- 같은 족 원소들은 (　　　) 이 비슷하다.

① 1족(　　　) : H를 제외한 Li, Na, K 등

② 2족(　　　) : Be, Mg, Ca 등

③ 17족(　　　) : F, Cl, Br, I 등

④ 18족(　　　) : He, Ne, Ar 등

- 같은 족에서는 원자 번호에 따라 (　　　　)이 규칙적으로 변함
- 전형원소 : ＿＿＿＿＿＿＿＿＿＿＿＿＿＿＿＿＿＿＿＿
- 전이원소 : ＿＿＿＿＿＿＿＿＿＿＿＿＿＿＿＿＿＿＿＿

(2) 주기 : 주기율표의 (　　　)로 1주기에서 7주기로 분류

(3) 금속 원소

- 주기율표의 (　　　)과 가운데 부분에 위치
- 상온에서 대부분 (　　　)로 존재하며 (　　　　)이 좋다.
- 전자를 잃고 (　　　)이 되기 쉽다.

(4) 비금속 원소

- 주기율표의 (　　　) 윗부분에 위치

- 열과 전기의 전도성이 좋지 않으며 전자를 얻어 (           )이 되기 쉽다.

(5) 준금속 : 금속과 비금속의 중간 성질로, 반도체의 재료

## 3. 전자 배치와 주기율

(1) 같은 족 원소의 원자들은 (                )의 전자 배치가 유사

    - 같은 족 원소들의 원자들은 (            )가 같다.

        ⇒ (              )이 유사하다.

    - 족 번호의 끝자리 수는 (            )와 같다.

        단, 18족은 원자 전자 수를 0으로 정한다.

(2) 주기율표의 주기는 (            )와 같다.

    - 주기가 커질수록 전자 껍질 수가 증가하며 원자가 전자가 핵으로부터 멀어짐.

## 4. 원소의 주기적 성질

(1) 원자 반지름

    - 유효핵 전하

      ① 정의 : _____

      ② 같은 주기에서 원자 번호가 커질수록 (            )가 증가하므로

         유효핵 전하가 (         )한다.

      ③ 유효핵 전하가 크면 전자와 원자핵 사이의 인력이 크다.

    - 원자 반지름

      ① 정의 : _____

      ② 전자껍질 수가 많을수록 커지고, 유효핵 전하가 증가할수록 작아짐

      ③ 같은 족에서는 원자 번호가 증가할수록 원자 반지름이 (          )

      ④ 같은 주기에서는 원자 번호가 증가할수록 원자 반지름이 (          )

    - 이온 반지름

      ① 양이온의 반지름 (      ) 중성 원자의 반지름 ⇒ (              )

② 음이온의 반지름 (    ) 중성 원자의 반지름 ⇒ (                    )

(2) 이온화 에너지

   -  _____

   - 원자핵과 전자 사이에 인력이 (         ) 이온화 에너지가 커진다.

   - 여러 가지 원자의 이온화 에너지

      ① 알칼리 금속은 이온화 에너지가 작다. → (        )이 되기 쉽다.

      ② (          )는 이온화 에너지가 매우 크다. → 전자를 잃기 어렵다.

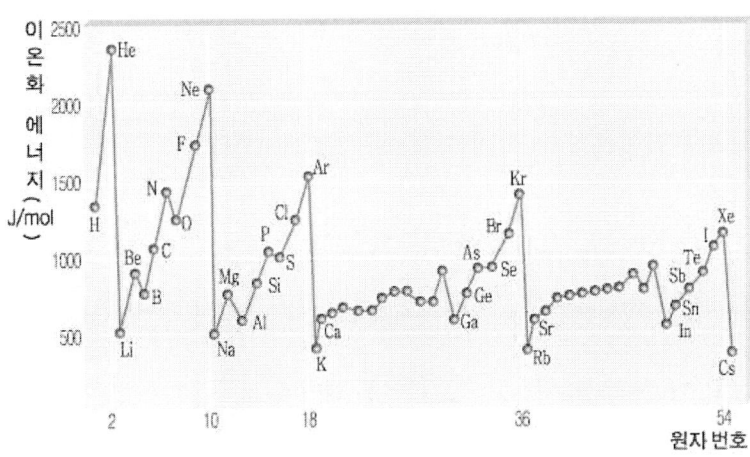

   - 순차적 이온화 에너지

      _____

      ⇒ 원자핵과 전자 사이의 인력이 강할수록 커진다.

(3) 전기 음성도

   - 정의 : _____

   - 같은 주기 : 원자 번호가 커질수록 대체로 (        )

            ⇒ 원자 번호가 커질수록 (          )은 작아지고

               (            )는 커지기 때문

   - 같은 족 : 원자 번호가 커질수록 대체로 (        )

            ⇒ 원자 번호가 커질수록 (            )이 증가하여

               원자핵과 전자 간의 인력이 (        )하기 때문

# § REVIEW EXERCISES

Q1. 다음 원소들을 화학적 성질이 비슷한 원소끼리 분류해 보자.

| Na   O   Cs   Pb   Si   S |

Q2. 주기율표를 이용하여 Ba, Na, Mg의 금속성의 크기를 비교해 보자.

Q3. 다음과 같은 전자 배치를 가지는 원소의 족과 주기는 각각 무엇인가?
(1) A : $1s^2\ 2s^2\ 2p^6\ 3s^2\ 3p^5$
(2) B : $1s^2\ 2s^2\ 2p^6\ 3s^2\ 3p^6\ 4s^2\ 3d^{10}\ 4p^6\ 5s^1$

Q4. 6주기 3족에 위치한 원소의 최외각 전자 껍질의 전자 배치는 어떤가?

Q5. 원자 반지름이 더 큰 것을 고르고, 그 이유를 설명해 보자.
(1) Mg   Ra            (2) P   Cl

Q6. 다음 원자 혹은 이온의 반지름을 비교하고, 그 이유를 설명해 보자.
(1) S   $S^{2-}$            (2) Na   $Na^+$

Q7. 같은 주기에서 이온화 에너지가 가장 작은 족과 가장 큰 족은 각각 어느 것인가?

Q8. 다음 표는 어떤 원자 A, B의 순차적 이온화 에너지를 나타낸 것이다. A, B가 안정한 이온이 되었을 때의 이온식은 각각 무엇인가?

| 순차적 이온화 에너지 (kJ/mol) | $E_1$ | $E_2$ | $E_3$ | $E_4$ | $E_5$ | $E_6$ | $E_7$ |
|---|---|---|---|---|---|---|---|
| 원자 A | 494 | 4558 | 6908 | 9539 | 13349 | 16606 | 20110 |
| 원자 B | 718 | 1431 | 7713 | 10520 | 13610 | 17975 | 21683 |

Q9. 다음 입자의 크기를 대소관계로 비교하고 그 이유를 간단히 써 보자.
(1) $_3Li$   $_5B$       (2) $_4Be$   $_{13}Al$       (3) $_8O$   $_8O^{2-}$

Q6. 같은 주기 원소인 나트륨(Na)와 염소(Cl)의 다음 성질을 비교해 보자.
(1) 원자가 전자 수       (2) 원자 반지름       (3) 이온 반지름
(4) 이온화 에너지       (5) 전기 음성도

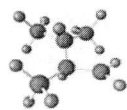

# Ⅶ. 화학결합

## 1. 이온 결합

### (1) 비활성 기체와 옥텟 규칙

주기율표의 18족 원소들은 최외각 전자 껍질에 전자들이 모두 채워진 안정한 전자 배치를 하고 있기 때문에 반응성이 매우 작아 화학적으로 안정한 상태이기 때문에 비활성 기체라고 부른다.

18족 원소 이외의 대부분의 원소들은 전자를 잃거나 얻어서 최외각 전자 껍질에 8개의 전자를 갖는 비활성 기체와 같은 안정한 전자 배치를 가지려는 경향이 있다. 이것을 옥텟의 규칙이라고 한다.

일반적으로 원자는 양성자와 전자의 개수가 같아 전기적으로 중성이나 전자를 잃거나 얻게 되면 전하를 띠는 이온을 형성한다. 예를 들어 11개의 전자를 갖고 있던 나트륨 원자(Na)가 전자 1개를 잃으면 10개의 전자를 갖는 양이온인 나트륨 이온(Na$^+$)이 된다. 이 나트륨 이온의 전자배치는 비활성 기체인 네온 원자와 같다. 반대로 17개의 전자를 갖고 있던 염소 원자(Cl)가 전자 1개를 얻으면 18개의 전자를 갖는 음이온인 염화 이온(Cl$^-$)이 되고 이것은 비활성 기체인 아르곤 원자와 같은 전자 배치를 갖는다. 나트륨 원자와 염소 원자뿐만 아니라 다른 원자들도 전자를 잃거나 얻음으로써 비활성 기체와 같은 전자 배치를 가지면서 이온이 된다.

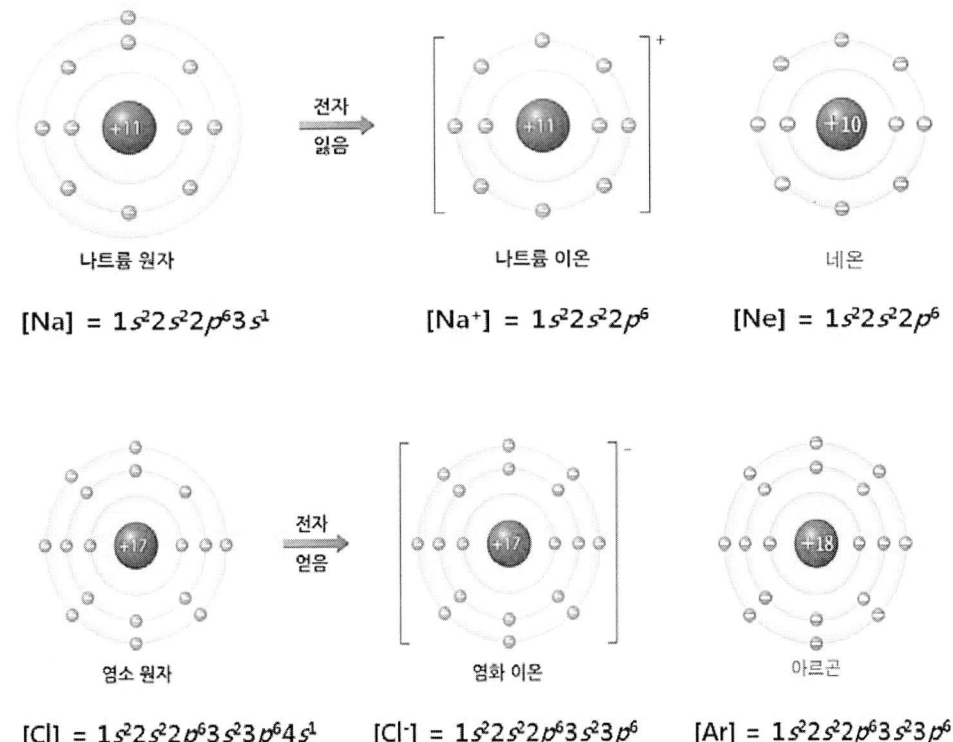

### (2) 이온 결합

주기율표의 원소중에서 일반적으로 옥텟 규칙에 따라 상대적으로 원자가 전자의 수가 적은 금속 원소들은 전자를 잃고 양이온 되기 쉽고, 상대적으로 원자가 전자가 많은 비금속 원자들은 전자를 얻어 음이온이 되기 쉽다.

옥텟의 규칙에 따라 이온이 된 전하를 띤 입자들은 전하의 종류에 따라 인력이나 반발력이 작용한다. 예를 들어 나트륨 원자와 염소 원자가 서로 인접하게 되면 각각의 원자들은 옥텟의 규칙에 따라 나트륨 원자의 전자 1개가 염소 원자로 이동하게 되어 각각 나트륨 이온과 염화 이온이 된다. 이때 나트륨 이온과 염화 이온은 서로 반대 전하를 띠고 있기 때문에 인력에 의해서 결합하여 염화 나트륨을 형성한다. 이처럼 양이온과 음이온이 정전기적 인력에 의해서 형성되는 화학 결합을 이온 결합이라고 한다. 대부분의 이온 결합은 전자를 잃기 쉬운 금속 원소와 전자를 얻기 쉬운 비금속 원소 사이에서 형성된다.

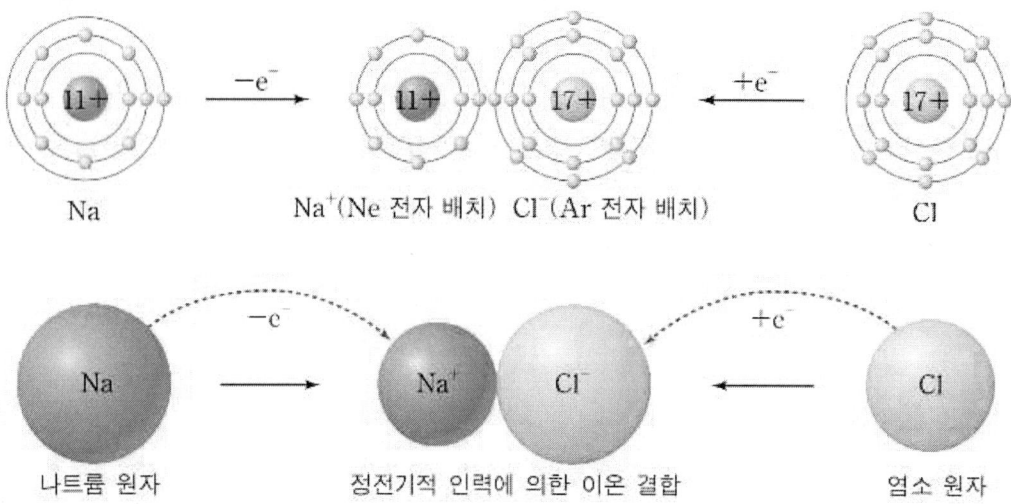

이온 결합 화합물이 생성될 때 에너지의 변화는 어떻게 될까? 그것은 양이온과 음이온 사이의 거리(r)에 영향을 받는다. 양이온과 음이온의 거리가 점점 가까우질 수록 두 이온 사이의 정전기적 인력에 의해서 에너지가 점차 감소하여 안정한 상태가 되지만 두 이온 사이의 거리가 너무 근접하게 되면 두 이온의 전자 구름이 겹치고 핵과 핵 사이의 반발력이 증가되어 에너지도 점차 증가하여 불안정한 상태가 된다. 즉, 양이온과 음이온은 정전기적 인력과 반발력이 균형을 이루어 에너지가 가장 낮은 지점에서 가장 안정한 이온 결합이 형성된다.

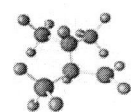

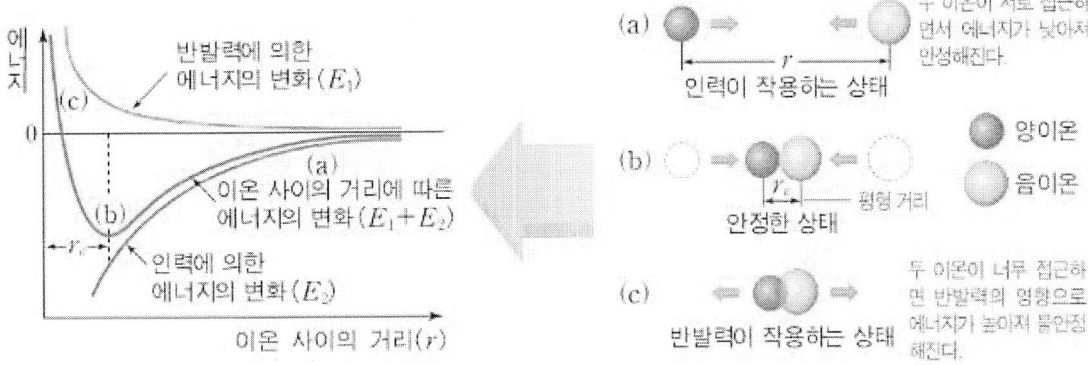

### (3) 이온 및 이온 결합 화합물의 명명

원자들이 옥텟의 규칙에 따라서 형성한 이온들의 명명법에 대해서 알아보자. 간단한 양이온의 이름은 원소의 이름에 이온을 붙이면 된다. 예를 들면 $Na^+$는 나트륨 이온, $Zn^{2+}$는 아연 이온이라고 부르고 철 원자의 경우처럼 두 종류 이상의 이온이 존재하면 $Fe^{2+}$는 철(II) 이온, $Fe^{3+}$는 철(III) 이온과 같이 로마 숫자를 이용하여 구분한다. 또한, 간단한 음이온은 원소 이름의 끝에 '~화'를 붙여서 명명한다. 예를 들면 $Cl^-$는 염화 이온이고 $S^{2-}$는 황화 이온이다. 이온 중에는 여러 개의 원자들이 공유결합에 의해서 하나의 전하를 띤 입자로 존재하는 다원자 이온이 존재하고 그 예는 아래 표와 같다.

| 화학식 | 이름 | 화학식 | 이름 |
|---|---|---|---|
| $NH_4^+$ | 암모늄 이온 | $NO_3^-$ | 질산 이온 |
| $C_2H_3O_2^-$ ($CH_3COO^-$) | 아세트산 이온 | $NO_2^-$ | 아질산 이온 |
| $Cr_2O_7^{2-}$ | 이크롬산 이온 | $SO_4^{2-}$ | 황산 이온 |
| $HCO_3^-$ | 탄산수소 이온 | $SO_3^{2-}$ | 아황산 이온 |
| $CO_3^{2-}$ | 탄산 이온 | $HSO_4^-$ | 황산수소 이온 |
| $OH^-$ | 수산화 이온 | $PO_4^{3-}$ | 인산 이온 |

반대의 전하를 띤 간단한 양이온과 음이온은 정전기적 인력에 의한 이온 결합으로 전기적으로 중성인 2원소 화합물을 만들 수 있다. 따라서 이온 결합에 참여하는 이온의 종류에 따라 결합하는 이온의 개수가 달라진다. 예를 들어, $Mg^{2+}$과 $Cl^-$이 결합하여 생성되는 염화 마그네슘은 전기적으로 중성이 되기 위해 양이온과 음이온이 1:2의 개수비로 결합하므로 화학식이 $MgCl_2$인 물질이다. 2원소 화합물의 화학식은 양이온을 왼쪽에 음이온을 오른쪽에 쓰고 각각 이온의 전하를 반대편 이온의 왼쪽에 아래 첨자로 표기한다. 이렇게 형성된 이온 결합 화합물의 명명은 이온의 이

름에서 '이온'을 제외하고 음이온을 먼저 부르고 이어서 양이온을 부른다. 예를 들면 예를 들면, 마그네슘 이온($Mg^{2+}$)과 염화 이온($Cl^-$)으로 이루어진 이온 결합 화합물은 염화 마그네슘으로 명명한다.

## 2. 공유 결합

### (1) 공유 결합

이온 결합은 원자들이 전자를 잃거나 얻을 때 형성되지만 어떤 원자들은 다른 원자들과 서로의 전자를 공유함으로써 옥텟의 규칙을 만족시킨다. 2개 이상의 원자들이 전자쌍을 공유하면서 형성하는 화학 결합을 공유결합이라고 한다. 예를 들면 2개의 수소 원자가 각각 1개의 전자를 내놓아 전자쌍을 공유함으로써 헬륨과 같은 안정한 전자배치를 갖는 수소 분자를 공유결합을 통해서 형성한다. 또한, 물 분자도 수소 원자 2개와 산소원자 1개가 전자 1쌍씩을 공유함으로써 옥텟 규칙을 만족하는 안정한 전자배치를 갖게 된다.

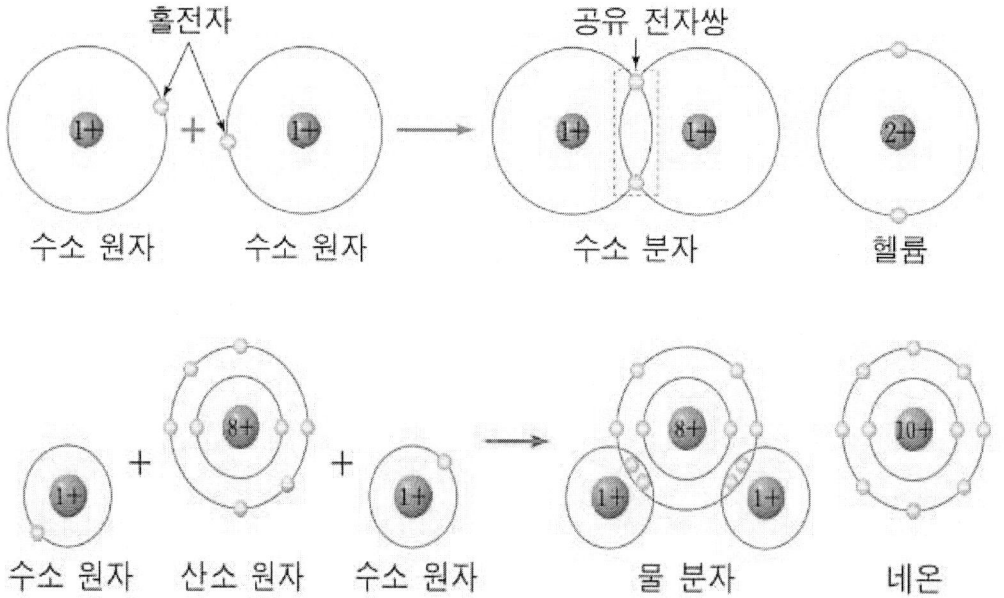

우리가 쉽게 접할 수 있는 메테인($CH_4$), 암모니아($NH_3$), 에탄올($C_2H_5OH$), 포도당($C_6H_{12}O_6$) 등 많은 물질들이 공유 결합으로 이루어진 화합물이다. 또한, 생명체가 생명을 유지하는데 중요한 역할을 하는 녹말, 단백질, DNA 등과 같은 고분자 물질도 공유 결합으로 이루어진 화합물이다.

### (2) 공유 결합의 표시 ; 루이스 전자점식

화학 결합을 나타내는 방법에는 여러 가지가 있으나 그 중에서 원자들의 원자가 전자를 점으로 나타내어 표시하는 방식을 루이스 전자점식이라고 한다. 루이스 전자점식은 원소기호의 상하 좌우 4방향에 원자의 원자가 전자를 점으로 표시하고 이때 쌍을 이루지 않는 전자가 다른 원소와의 공유 결합에 참여한다. 원자의 최외각 전자 껍질에 존재하는 원자가 전자는 항상 $s$오비탈 1개와 $p$오비탈 3개에 파울리 배타원리, 쌓음 원리, 훈트규칙에 따라 전자가 채워지게 되는데 이때 쌍을 이루지 않는 전자를 홀전자라고 하고 쌍을 이루고 있어서 공유 결합에 참여하지 않는 전자쌍을 비공유 전자쌍이라고 한다. 다음은 몇 몇 원자들을 루이스 전자점식으로 표시한 것이다.

| 주기\족 | 1 | 2 | 13 | 14 | 15 | 16 | 17 | 18 |
|---|---|---|---|---|---|---|---|---|
| 2 | Li· | ·Be· | ·Ḃ· | ·Ċ· | ·N̈· | ·Ö: | :F̈: | :N̈e: |
| 3 | Na· | ·Mg· | ·Al· | ·Si· | ·P̈· | ·S̈: | :C̈l: | :Är: |

공유 결합 분자의 전자 배치를 간편하게 나타내기 위한 방식 중에 하나가 루이스 구조식이다. 이것은 공유 전자쌍은 결합선(-)으로 표시하고 비공유 전자쌍은 1쌍의 점으로 표시하거나 생략하는 형태로 나타낸다. 예를 들어 염소 분자는 원자가 전자가 7개로 홀전자를 1개를 갖는 염소 원자 2개가 전자 1쌍을 공유하여 형성된다. 이렇게 전자 1쌍을 공유하는 결합을 단일 결합이라고 하고 이 과정을 루이스 전자점식과 루이스 구조식으로 나타내면 아래와 같다.

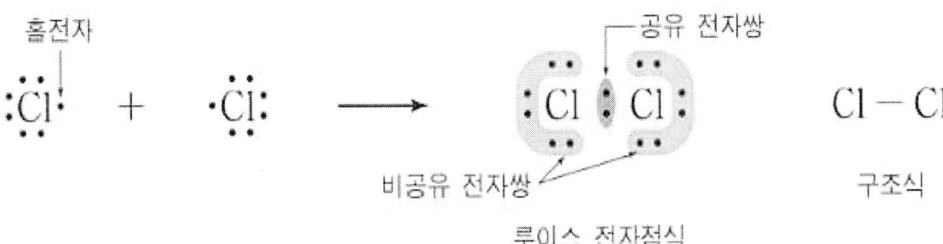

산소 분자는 원자가 전자가 6개인 산소 원자 2개가 공유 결합을 통해서 형성된다. 각각의 산소원자는 옥텟의 규칙을 만족시키려면 2개의 전자가 더 필요하여 2쌍의 전자를 공유하게 된다. 또한, 질소 분자는 원자가 전자가 5개인 질소 원자 간의 공유 결합으로 3쌍의 전자를 공유하게 된다. 이와 같이 2개의 원자가 전자쌍 2개를 공유함으로써 이루어지는 결합을 이중 결합, 3개의 전자쌍을 공유함으로써 이루어지는 결합을 삼중 결합이라고 한다. 루이스 구조식에서는 공유 전자쌍 1개당 1개의 선을 그어 표시한다.

$$:\!\ddot{\mathrm{O}}\!\cdot\ +\ \cdot\ddot{\mathrm{O}}\!:\ \longrightarrow\ :\!\ddot{\mathrm{O}}\!::\!\ddot{\mathrm{O}}\!:\quad :\!\ddot{\mathrm{O}}=\ddot{\mathrm{O}}\!:$$

↑ 이중 결합  
└ 비공유 전자쌍

$$:\!\dot{\mathrm{N}}\!\cdot\ +\ \cdot\dot{\mathrm{N}}\!:\ \longrightarrow\ :\!\mathrm{N}\!:\!:\!:\!\mathrm{N}\!:\quad :\!\mathrm{N}\equiv\mathrm{N}\!:$$

↑ 삼중 결합

### (3) 배위 결합

암모니아 분자는 질소 원자 1개가 3개의 수소 원자와 각각 공유 결합을 형성하며, 비공유 전자쌍 1개, 홀전자는 가지고 있지 않다. 이 암모니아 분자가 수소 이온을 만나게 되면 질소 원자가 가지고 있는 비공유 전자쌍을 수소 이온에게 일방적으로 제공함으로써 질소 원자와 수소 이온 사이에 공유 결합이 형성되어 암모늄 이온이 만들어진다. 이와 같이 어떤 원자가 자신의 비공유 전자쌍을 일방적으로 제공하여 이루어지는 공유 결합을 배위 결합이라고 한다. 암모늄 이온에서 질소 원자는 일반적인 결합수보다 많은 4개의 결합을 갖지만 여전히 옥텟 규칙을 만족한다. 이처럼 질소, 산소, 인, 황과 같이 비공유 전자쌍을 가진 원소를 갖는 분자들이 종종 수소 이온과 배위 결합을 형성한다.

배위 결합은 옥텟을 이루지 못한 분자와 비공유 전자쌍을 가진 분자 사이에서도 일어날 수 있다. 예를 들면 삼플루오린화 붕소($BF_3$)는 암모니아($NH_3$)에 있는 비공유 전자쌍을 일방적으로 제공받아 옥텟 규칙을 만족시킬 수 있다. 암모니아의 질소 원자는 비공유 전자쌍을 제공하여 삼플루오린화 붕소의 붕소 원자와 배위 결합을 형성한다. 그 결과 붕소 원자도 옥텟 규칙을 만족하게 된다.

암모니아    삼플루오린화 붕소      삼플루오린화 붕소 암모늄

### (4) 결합에너지와 결합길이

 수소 분자의 생성과정에서 2개의 수소 원자가 서로 접근하면 원자 핵 사이의 거리에 따라 에너지의 변화가 발생하게 된다. 2개의 수소 원자가 서로 멀리 떨어져서 서로 간의 인력이 작용하지 않을 때는 에너지가 0이지만, 수소 원자 사이의 거리가 점차적으로 근접하게 되면 원자 사이의 인력이 작용하여 에너지가 점차적으로 작아지면서 핵간 거리가 74 pm에 이르면 에너지가 최소가 된다. 그러나 핵간의 거리가 74 pm 이하로 더 근접하게 되면 핵과 핵, 전자 구름과 전자 구름 사이의 반발력이 발생하여 다시 에너지가 상승하게 된다. 따라서 수소 원자는 가장 낮은 에너지(-436 kJ/mol)를 갖는 원자간 거리가 74 pm에서 안정한 수소 분자를 생성하게 된다. 즉, 수소 원자 2몰이 공유결합을 통해 1몰의 수소 분자를 생성하면서 436 kJ의 에너지를 방출하게 된다. 반대로 1몰의 수소 분자가 결합을 끊고 2몰의 수소 원자를 생성하기 위해서는 436 kJ의 에너지가 필요하다.

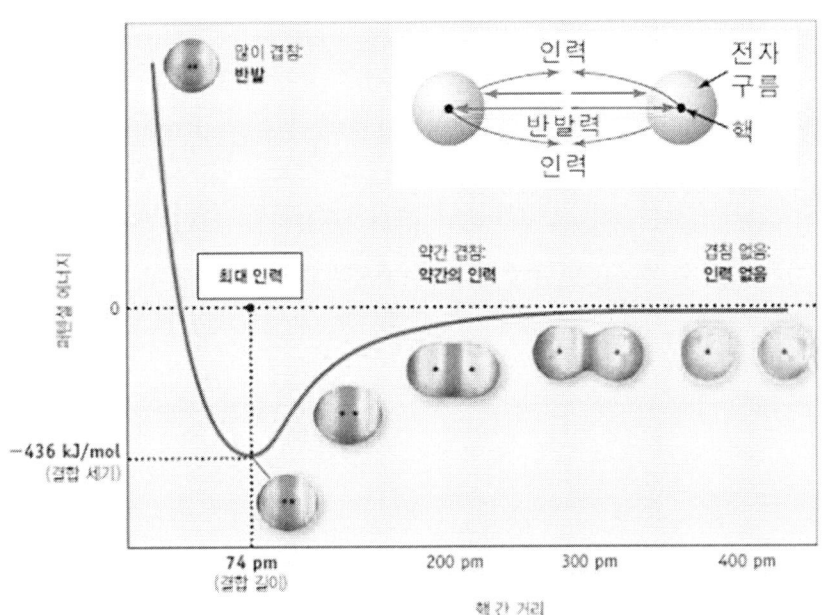

 이와 같이 기체 상태의 분자 1몰로부터 기체 상태의 원자를 만드는데 필요한 에너지를 결합에너지라고 한다. 따라서 수소 분자의 결합 에너지는 436 kJ/mol이다. 결합에너지는 분자를 구성하는 원자들 간의 결합의 세기를 나타내는 척도로 결합에너지가 클수록 결합이 강하고 안정하다.

 공유 결합을 통해 형성된 분자에서 두 원자핵 간의 거리를 결합 길이라고 하고 같은 종류의 원자간의 공유 결합에서는 결합 길이의 반을 공유 결합 반지름이라고 한다. 예를 들어 수소의 결합 길이는 74 pm이고 공유 결합 반지름은 37 pm이다. 일반적으로 공유한 전자 개수가 많을수록 결합 길이는 짧아진다. 아래 표는 몇 가지 공유 결합 분자의 결합 길이와 결합 에너지를 표시한 것이다. 분자의 결합 길이가 짧을수록 결합에너지가 증가하기 때문에 결합의 세기도 증가한다.

| 분자 | 결합 | 결합 길이 (pm) | 결합 에너지 (kJ/mol) | 분자 | 결합 | 결합 길이 (pm) | 결합 에너지 (kJ/mol) |
|---|---|---|---|---|---|---|---|
| $F_2$ | F-F | 142 | 155 | HBr | H-Br | 142 | 363 |
| $Cl_2$ | Cl-Cl | 199 | 240 | HJ | H-I | 162 | 295 |
| $Br_2$ | Br-Br | 229 | 190 | $C_2H_6$ | C-C | 154 | 345 |
| $I_2$ | I-I | 267 | 148 | $C_2H_4$ | C=C | 134 | 612 |
| HF | H-F | 93 | 565 | $C_2H_2$ | C≡C | 120 | 809 |
| HCl | H-Cl | 128 | 429 | | | | |

공유 결합 화합물은 이온 결합 화합물과 성질이 어떻게 다른지 알아보자. 이온 결합 화합물은 강한 정전기적 인력에 의해 결합되기 때문에 녹는점과 끓는점이 매우 높다. 그러나 공유 결합 화합물은 강한 원자 사이의 결합에 비해서 분자 간의 작용하는 인력은 약하기 때문에 상대적으로 녹는점과 끓는점이 낮다. 따라서 상온에서 대부분이 기체나 액체로 존재하며, 이온 화합물과 달리 액체 상태에서도 전기 전도성을 갖지 않는다. 다음 표는 몇 가지 이온 결합 화합물과 공유 결합 화합물의 성질을 비교한 것이다.

| 성질 \ 물질 | | 이온 결합 화합물 | | 공유 결합 화합물 | | |
|---|---|---|---|---|---|---|
| | | NaCl | KF | $H_2$ | $CH_4$ | $NH_3$ |
| 녹는점 (℃) | | 801 | 858 | -259 | -182 | -77.7 |
| 끓는점 (℃) | | 1,465 | 1,502 | -253 | -164 | -33.3 |
| 전기 전도성 | 고체 | 없음 | 없음 | 없음 | 없음 | 없음 |
| | 액체 | 있음 | 있음 | 없음 | 없음 | 없음 |

## 3. 분자의 구조

분자의 구조는 분자를 구성하는 원자의 종류와 수에 따라 달라진다. 3개의 원자가 결합한 분자에서 중심 원자의 원자핵과 중심 원자에 결합된 두 원자의 핵을 연결했을 때 중심 원자와 다른 두 원자를 연결한 선이 이루는 각을 결합각이라고 하

고 중심 원자의 핵과 각각의 원자의 핵과의 거리를 결합 길이라고 한다. 결합각은 원자를 둘러싸고 있는 전자쌍들의 정전기적 반발력에 영향을 받게 되는데 중심 원자를 둘러싸고 있는 전자쌍들은 정전기적 반발력을 최소화 하기 위해 가능한 멀리 떨어지려고 한다. 이것을 전자쌍 반발 이론이라고 한다.

전자쌍 반발이론에 따라 분자의 구조를 예상해보면, 중심 원자가 2개 공유전자쌍을 갖고 있다면 서로 반대편으로 배열이 될 것이고 3개의 공유전자쌍을 갖는다면 평면의 삼각형을 이루게 될 것이며 4개의 공유전자쌍을 갖고 있다면 정사면체의 구조를 이루게 될 것이다.

| 전자쌍의 수 | 2개 | 3개 | 4개 |
| --- | --- | --- | --- |
| 안정한 전자쌍의 배치 | | | |
| 분자 모양 | 직선형 | 평면 삼각형 | 정사면체형 |
| 결합각 | 180° | 120° | 109.5° |

그러나, 전자쌍 간의 반발력은 두 원자핵에 의한 인력에 영향을 받는 공유 전자쌍 간의 반발력이 비공유 전자쌍 간의 반발력보다 작고 공유 전자쌍과 비공유 전자쌍 간의 반발력은 그 중간정도 된다. 따라서 전자쌍의 총 수가 같아더라도 중심 원자에 존재하는 비공유 전자쌍의 개수에 따라서 형성되는 분자의 구조가 달라지게 된다. 즉, 비공유 전자쌍의 개수가 많을수록 결합각은 작아지게 된다. 예를 들면 메테인, 암모니아, 물 분자는 모두 4개의 전자쌍을 갖고 있어서 사면체 구조를 형성한다. 다만, 메테인의 경우는 공유 전자쌍을 4개를 갖고 있어서 결합각이 109.5°이고, 암모니아는 공유 전자쌍 3개와 비공유 전자쌍 1개를 갖고 있어서 107°이고, 물 분자는 공유 전자쌍 2개와 비공유 전자쌍 2개를 갖고 있어서 104.5°의 결합각을 갖는다. 즉, 비공유 전자쌍이 없으면 정사면체 구조를 1개를 갖으면 삼각뿔 구조를 2개가 존재하면 굽은 구조를 갖는다.

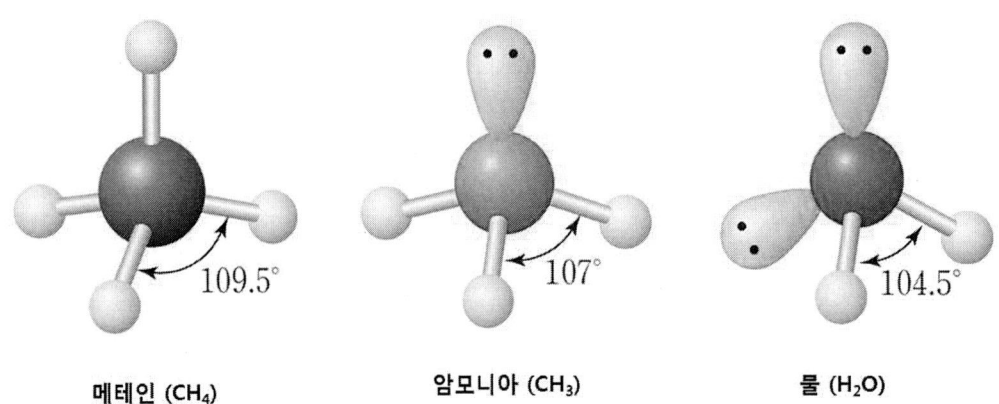

메테인 (CH₄)     암모니아 (CH₃)     물 (H₂O)

## 4. 분자의 극성

공유 결합에서는 전자를 공유하는 원자의 전기 음성도의 차이에 따라서 공유한 전자쌍의 분포가 달라지게 된다. 예를 들어서 수소(H2)와 염소(Cl)처럼 같은 종류의 원자들 간에서는 전기 음성도의 차이가 없어서 공유 전자쌍이 원자간의 치우침이 없이 동등하게 공유하게 되는데 이와 같은 결합을 무극성 공유 결합이라고 한다.

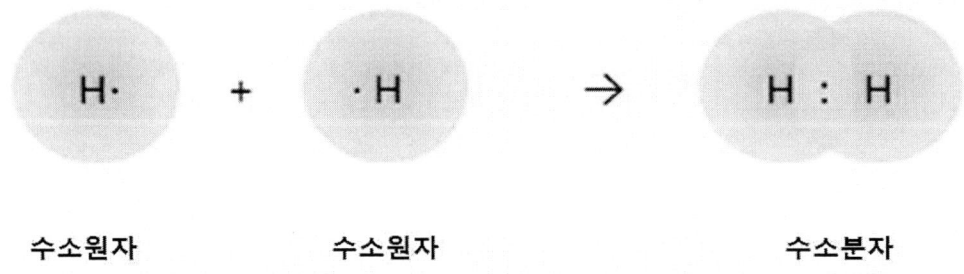

수소원자     수소원자     수소분자

그러나, 염화 수소(HCl)는 전기 음성도가 다른 두 원자간의 공유 결합으로 공유 전자쌍이 전기음성도가 큰 염소 원자 쪽으로 치우치게 된다. 그로 인해서 염소 원자는 부분적으로 (−)전하($\delta^-$)를 수소 원자는 부분적인 (+)전하($\delta^+$)를 띄게 되는데 이것을 극성 공유 결합이라고 한다. 이처럼 한 분자내에서 서로 다른 부분 전하가 존재하는 것을 쌍극자라고 한다.

수소 원자     염소 원자     염화수소 분자

화학 결합이 형성될 때 결합하는 두 원자 간의 전기 음성도 차이로 인해서 생성된 화합물의 전하 분포가 달라지게 된다. 이온 결합은 전기 음성도 차이가 커서 전자가 상대 원자로 완전히 옮겨 가게 되어 각각의 원자가 전하를 띠게 되고 무극성 공유 결합의 경우는 전자를 동등하게 공유하게 되어서 대칭적인 전하를 나타낸다. 그에 비해서 극성 공유 결합은 이온 결합과 무극성 공유 결합의 중간적인 결합이다. 일반적으로 전기 음성도 차이가 1.7 이상인 경우에는 이온 결합을 형성하고 1.7 미만인 경우에는 극성 공유 결합을 형성한다. 그리고 전기 음성도 차이가 없으면 무극성 공유 결합을 형성한다.

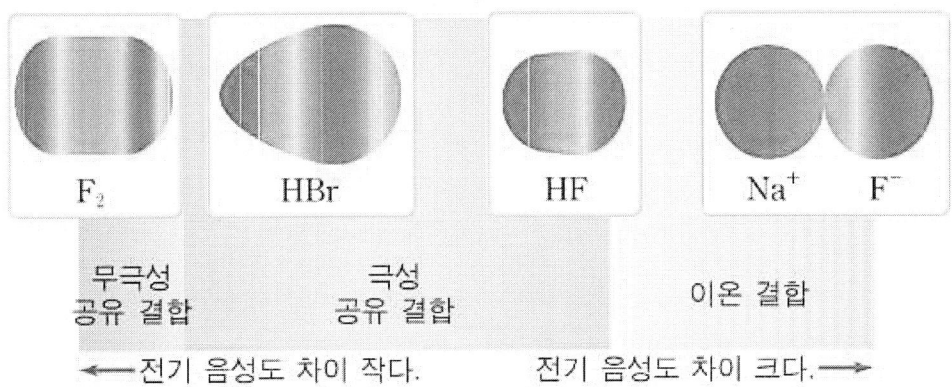

극성 공유 결합을 통해서 형성되는 할로젠화 수소 화합물들은 전기 음성도 차이와 결합 길이의 관계는 아래의 표와 같다. 즉, 전기 음성도 차이가 증가됨에 따라 결합 길이가 짧아지고 그에 따라 결합에너지가 증가하여 결합 세기도 증가되는 것을 알 수 있다. 따라서 HF는 할로젠화 수소 화합물 중 가장 극성이 크고, 결합 길이는 가장 짧으며, 결합 에너지는 가장 크다.

| 화합물 | 전기 음성도 차이 | 결합 길이(pm) | 결합 에너지(kJ/mol) |
|---|---|---|---|
| HF | 1.9 | 93 | 565 |
| HCl | 0.9 | 128 | 429 |
| HBr | 0.7 | 142 | 363 |
| HI | 0.4 | 162 | 295 |

수소 분자나 염소 분자처럼 분자 내에 전하가 고르게 분포하여 전하를 띠지 않는 것을 무극성 분자라고 하고, 염화 수소 분자처럼 부분적인 전하를 띠는 분자를 극성분자라고 한다. 이런 극성분자들은 대전체로 끌려가는 성질이 있으며, 전기장 속에서는 극성 분자의 부분적인 (+)전하 부분은 음극(-)쪽으로 부분적인 (-)전하는 양극(+)쪽으로 배열되는 성질이 있다.

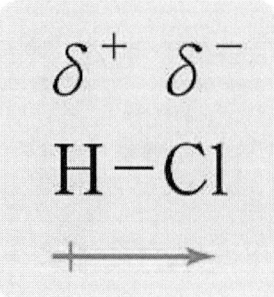

이원자 분자에 의해서 형성되는 공유 결합 화합물은 전기 음성도 차이에 따라 부분적인 전하를 띠게 되어 쌍극자 모멘트(dipole monent, μ)를 가지게 된다. 쌍극자 모멘트는 전하량과 두 전하 사이의 거리의 곱으로 계산을 하고 방향은 (+)전하로부터 (-)전하로 향하게 된다.

즉, 전기 음성도가 큰 원자 쪽으로 쌍극자 모멘트의 방향이 향한다. 공유 결합 화합물은 쌍극자 모멘트의 크기를 통해서 분자의 극성을 결정할 수 있다.

$H_2$, $F_2$와 같이 전기 음성도가 같은 원자간의 결합으로 형성된 분자는 직선형의 분자 구조를 갖게 되어 쌍극자 모멘트의 크기가 0으로 무극성 분자이다. 그러나 HF처럼 전기 음성도의 차이를 갖는 원자간의 결합에서는 직선형의 구조를 갖게 되지만 0이 아닌 쌍극자 모멘트 값을 갖기 때문에 극성 분자가 된다.

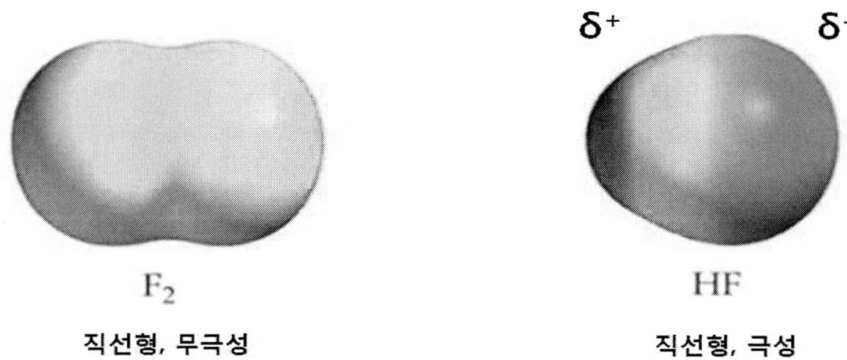

$F_2$ 직선형, 무극성       HF 직선형, 극성

이원자 분자는 두 원자 사이의 결합이 무극성 공유 결합이어야만 무극성 분자가 되지만 3개 이상의 원자들 사이의 공유 결합에서는 극성 공유 결합을 통해서 형성된 분자도 그 분자 구조에 따라서 무극성 분자가 될 수 있다. 즉, 분자 구조에 따라 그 분자가 갖게 되는 쌍극자 모멘트의 합이 달라지게 된다. 쌍극자 모멘트의 합이 0일 경우에는 무극성 분자가 되고 쌍극자 모멘트의 합이 0이 아닐 경우에는 극성 분자가 된다. 예를 들어 물분자와 이산화탄소 분자는 모두 3개의 원자들 간의 공유 결합을 통해서 형성되지만 비공유 전자쌍의 유무로 인해서 물분자는 굽은 구조를 이산화탄소 분자는 직선형 구조를 갖는다. 즉, 물 분자는 쌍극자 모멘트 합이 0이 아닌 극성 분자가 되고 이산화탄소 분자는 쌍극자 모멘트의 합이 0인 무극성 분자가 된다.

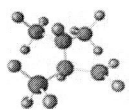

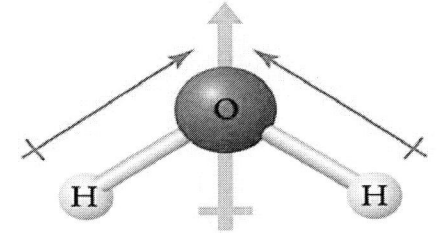
쌍극자 모멘트의 합 ≠ 0

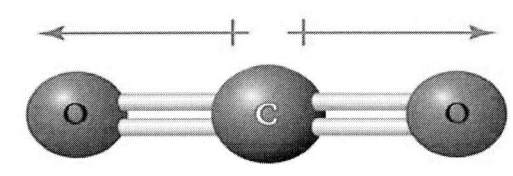
쌍극자 모멘트의 합 = 0

마찬가지로 $BF_3$, $CH_4$ 분자도 모두 극성 공유 결합을 하고 있지만 쌍극자 모멘트의 합이 0이 되므로 무극성 분자가 된다. 이와 같이 극성 공유 결합을 이루고 있는 분자라고 해도 쌍극자 모멘트를 합한 결과가 0이라면 무극성 분자가 될 수 있다.

| 분자식 | $H_2$ | $CO_2$ | $BF_3$ | $CH_4$ |
|---|---|---|---|---|
| 구조 | H H | 180° O-C-O | F B F F 120° | H C H H H 109.5° |
|  | 직선형 | 직선형 | 평면 삼각형 | 정사면체 형 |
|  | 대칭 구조 | 대칭 구조 | 대칭 구조 | 대칭 구조 |
| 결합의 극성 | 무극성 공유 결합 | 극성 공유 결합 | 극성 공유 결합 | 극성 공유 결합 |
| 쌍극자 모멘트 합 | 0 | 0 | 0 | 0 |

분자의 구조에 의해 결정되는 분자의 극성은 물질의 물리적 성질과 화학적 성질에 영향을 준다. 분자량이 비슷한 물질에서 분자의 극성이 증가할수록 녹는점이나 끓는점은 높아진다. 물질의 용해성은도 물질의 극성에 따라 달라지는데 극성 분자는 극성 용매에 잘 용해되고, 무극성 분자는 무극성 용매에 잘 용해된다.

## § HOME WORK

· 옥텟 규칙 :

· 이온 결합 :

· 공유 결합 :

· 루이스 전자점식 :

· 비공유 전자쌍 :

· 공유 전자쌍 :

· 홀전자 :

· 배위 결합 :

· 결합에너지 :

· 결합길이 :

· 결합각 :

· 전자쌍 반발이론 :

· 무극성 공유 결합 :

· 극성 공유 결합 :

· 쌍극자 :

· 쌍극자 모멘트 :

· 무극성 분자 :

· 극성 분자 :

# § LECTURE NOTE

1. 이온 결합

(1) 비활성 기체

- 주기율표 (    )족 원소로 (        )이 작고 (            )으로 안정

- (                        )에 전자들이 모두 채워져서 안정한 전자 배치를 갖음

(2) 옥텟 규칙

- 정의 : _____

    Ex] 전기적으로 중성인 나트륨 원자가 전자 1개를 잃고 비활성 기체 네온 (Ne)과 같은 전자 배치를 이루어 +1가의 양이온이 됨

    $\Rightarrow$ [Na$^+$]=1$s^2$ 2$s^2$ 2$p^6$=[Ne]

- 예외가 존재하지만 이온의 형성이나 공유 결합의 형성을 설명하는 데 유용

(3) 이온 결합

- 정의 : _____

_____

- 나트륨 원자와 염소 원자가 서로 가까이 접근하면 (      ) 원자의 전자 1개가 (      ) 원자로 옮겨가 나트륨 이온(Na$^+$)과 염화 이온(Cl$^-$)이 됨

    $\Rightarrow$ 나트륨 이온과 염화 이온 사이에 인력이 작용하여 (          )을 생성

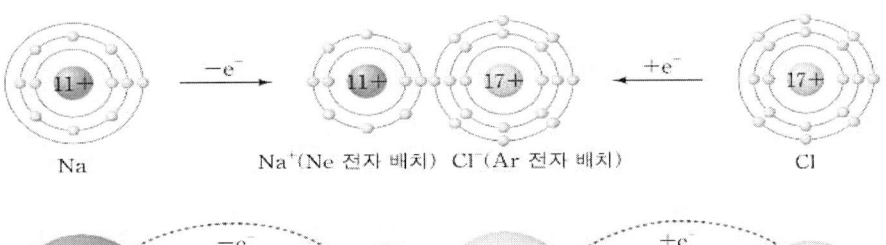

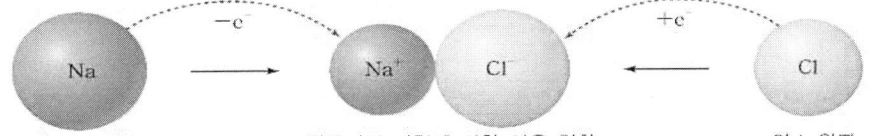

(4) 이온의 명명

- 간단한 (        )은 원소 이름을 이용하여 부르고, 간단한 (        )은 원소 이름의 끝부분에 '화'를 붙여서 나타냄

- 두 가지 이상의 이온이 존재할 경우 : (           )로 구분하여 표기 함
- (           ) : 여러 개의 원자들이 모여서 전하를 띤 입자로 고유의 이름이 있음

| 화학식 | 이름 | 화학식 | 이름 |
|---|---|---|---|
| $NH_4^+$ | 암모늄 이온 | $NO_3^-$ | 질산 이온 |
| $C_2H_3O_2^-$ ($CH_3COO^-$) | 아세트산 이온 | $NO_2^-$ | 아질산 이온 |
| $Cr_2O_7^{2-}$ | 이크롬산 이온 | $SO_4^{2-}$ | 황산 이온 |
| $HCO_3^-$ | 탄산수소 이온 | $SO_3^{2-}$ | 아황산 이온 |
| $CO_3^{2-}$ | 탄산 이온 | $HSO_4^-$ | 황산수소 이온 |
| $OH^-$ | 수산화 이온 | $PO_4^{3-}$ | 인산 이온 |

(5) 이온 결합 화합물의 이름과 화학식

- 명명법 : 이온의 이름에서 '이온'을 떼고 (      )을 먼저 부른 다음에, (          )의 이름을 부름

    Ex] 마그네슘 이온($Mg^{2+}$)과 염화 이온($Cl^-$)으로 이루어진 이온 결합 화합물
    ⇒ (                    )

- 화학식

    ① 전체 양전하와 음전하의 양이 같아서 전기적으로 중성인 상태가 되도록 양이온과 음이온의 개수를 맞춤

    Ex] 염화마그네슘

    마그네슘 이온과 염화 이온의 전하가 각각 (         )과 (         )로
    양이온과 음이온이 (         )의 개수비로 결합하므로 화학식은 (         )

    ② 다원자 이온을 포함하는 화합물 : 다원자 이온이 여러 개인 경우 (       )를 이용

    Ex] 황산 알루미늄 ($Al_2(SO_4)_3$)

    ⇒ 알루미늄 이온($Al^{3+}$) (    )개와 황산 이온($SO_4^{2-}$) (    )개의 비율로 결합

(6) 이온 결합 화합물의 성질

- 쪼개짐과 부스러짐

    힘을 가하면 이온층이 밀리면서 같은 전하를 띤 이온들이 만나게 되어 (         )이 작용하므로 쉽게 쪼개지거나 부스러짐

- 물에 대한 용해성

    극성 용매인 물에 잘 용해되며 양이온과 음이온이 수화되어 안정한 상태로 존재

- 녹는점과 끓는점

    ① 상온에서 (      ) 상태이며 녹는점과 끓는점이 높음

    ⇒ 이온 사이의 거리가 (          ), 이온의 전하량이 (        ) 이온 결합력이 커지게 되어 이온들이 결합을 끊고 자유롭게 움직일 수 있는 상태가 되기 어려워 녹는점이 높음

- 수용액의 전기 전도성

    용액 속의 수화된 이온들이 물 속에서 자유롭게 이동할 수 있어 전기 전도성을 갖음


## 2. 공유 결합

(1) 공유 결합

- 정의 : _____

- (            ) 간에 일어나는 결합

    ⇒ 서로 홀전자를 내놓아 전자쌍을 공유함으로써 옥텟 규칙을 만족시킴

    Ex] 물 분자의 형성

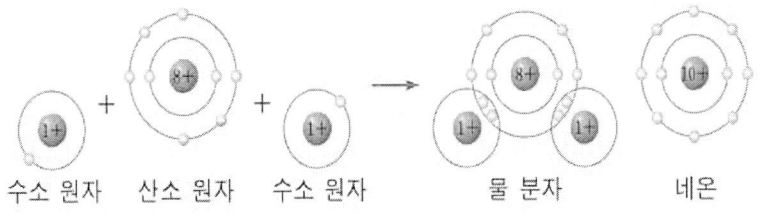

수소 원자   산소 원자   수소 원자   물 분자   네온

- (              ) : 공유 결합에 의해 만들어지는 화합물

    ① 간단한 분자 : 메테인($CH_4$), 암모니아($NH_3$), 에탄올($C_2H_5OH$), 포도당($C_6H_{12}O_6$) 등

    ② 고분자 : 녹말, 단백질, DNA 등

(2) 공유 결합의 표시

- 루이스 전자점식

- 홀전자 : _____
- 공유 전자쌍 : _____
- 비공유 전자쌍 : _____
- 루이스 구조식 : (            )을 결합선(—)으로 나타내며, 비공유 전자쌍은 생략

- (        ) 결합 : 전자쌍 1개를 공유하는 결합
- (        ) 결합 : 전자쌍 2개를 공유하는 결합이다.
- (        ) 결합 : 전자쌍 3개를 공유하는 결합이다.

(3) 배위 결합

- 정의 : _____
- 배위 결합이 형성되는 경우의 예
  ① (        ) 이온과 (        ) 전자쌍을 가진 분자 사이
  ② (        ) 전자쌍을 가진 분자와 (        ) 규칙을 이루지 못한 분자 사이

(4) 결합에너지와 결합길이

- 결합에너지 : _____
- 결합길이 : _____
- 분자의 결합 길이가 (            ) 결합에너지가 (            )
  ⇒ 결합의 세기가 (        )

| 분자 | 결합 | 결합 길이 (pm) | 결합 에너지 (kJ/mol) | 분자 | 결합 | 결합 길이 (pm) | 결합 에너지 (kJ/mol) |
|---|---|---|---|---|---|---|---|
| $F_2$ | F–F | 142 | 155 | HBr | H–Br | 142 | 363 |
| $Cl_2$ | Cl–Cl | 199 | 240 | HJ | H–I | 162 | 295 |
| $Br_2$ | Br–Br | 229 | 190 | $C_2H_6$ | C–C | 154 | 345 |
| $I_2$ | I–I | 267 | 148 | $C_2H_4$ | C=C | 134 | 612 |
| HF | H–F | 93 | 565 | $C_2H_2$ | C≡C | 120 | 809 |
| HCl | H–Cl | 128 | 429 | | | | |

- 공유 결합 화합물의 성질

    ① 이온 결합 화합물보다 녹는점과 끓는점이 (      )

    ② 상온에서 (      )나 (      ) 상태로 존재

    ③ 수용액 상태에서 (            )을 갖지 않는다.


3. 분자의 구조

    - 분자를 구성하는 원자의 (      )와 (      )에 따라 결정

    - 결합각 :

    - 전자쌍 반발이론 :


    - 전자쌍의 수에 따른 분자의 구조

    | 전자쌍의 수 | 2개 | 3개 | 4개 |
    |---|---|---|---|
    | 안정한 전자쌍의 배치 | | | |
    | 분자 모양 | | | |
    | 결합각 | | | |

    - 전자쌍 간의 반발력의 크기

        공유 전자쌍 간 (      ) 공유 전자쌍-비공유 전자쌍 (      ) 비공유 전자쌍 간

        ex] 메테인, 암모니아, 물

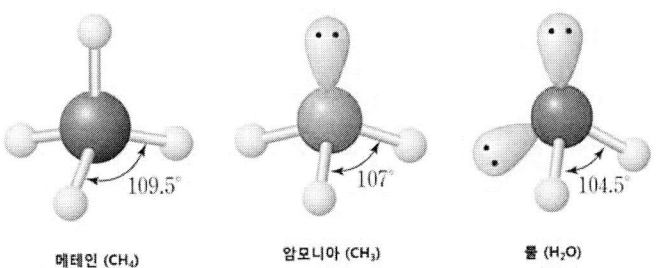

## 4. 분자의 극성

- 결합의 극성

　① 무극성 공유 결합 :

　　_____

　② 극성 공유 결합 :

　　_____

- 전기 음성도와 화학 결합

　① 전기 음성도 : (　　　)결합에서 두 원자 사이에 (　　　　　)을 끌어당기는

　　힘의 크기를 상대적인 값으로 나타낸 값

　② 전기 음성도의 차이에 따른 화학 결합의 구분

　　(　　　　), (　　　　　), (　　　　　　)로 구분

　　결합으로 구분할 수 있다.

　③ 전기 음성도 차이가 클수록 공유 결합의 극성은 (　　　)하며, 더 강한 결합 형성

- 분자의 극성

　① 무극성 분자 : _____

　　ex] $H_2$, $O_2$, $CH_4$, $CO_2$ 등

　② 극성 분자 : _____

　　ex] HF, HCl, $H_2O$, $NH_3$ 등

- 전기적 성질

　① (　　　) 분자 : 대전체에 끌리지 않으며, 전기장 영향이 없다.

　② (　　　) 분자 : 대전체에 끌려가며, 전기장 안에서 일정한 방향 배열

- 쌍극자 모멘트

　① 정의 : _____

　② 쌍극자 모멘트의 방향 :

　　(　)전하에서 (　)전하로 향하며, 화살표가 (+)전하에서 (-)전하를 향하도록 표시

　③ 쌍극자 모멘트와 극성의 크기 : 극성이 강할수록 쌍극자 모멘트가 (　　　)

- 쌍극자 모멘트와 분자의 극성 결정

    ① 무극성 분자 : _____

        - 이원자 분자 : (          ) 공유 결합을 갖는 분자로 쌍극자 모멘트가 (      )

                ex] H₂, O₂, Cl₂

        - 다원자 분자 : (        ) 구조를 이루어 쌍극자 모멘트가 (        )

                ex] BF₃, CH₄, CCl₄

    ② 극성 분자 : _____

                ex] H₂O, NH₃, CH₃Cl

# § REVIEW EXERCISES

Q1. 다음은 2가지 서로 다른 원소의 전자 배치를 나타낸 것이다. X와 Y 원자가 이온 결합을 이루어 형성되는 화합물의 화학식을 써 보자.

$$X : 1s^2 2s^2 2p^6 3s^2 \qquad Y : 1s^2 2s^2 2p^5$$

Q2. 다음 화합물의 화학식을 쓰시오.
   (1) 아세트산 마그네슘   (2) 수산화 철(II)   (3) 염화나트륨

Q3. 그림은 이온 결합의 형성시 양이온과 음이온 사이의 거리에 따른 에너지 변화를 나타낸 것이다. 이에 대한 설명이 맞으면 O, 틀리면 X를 표시하시오.

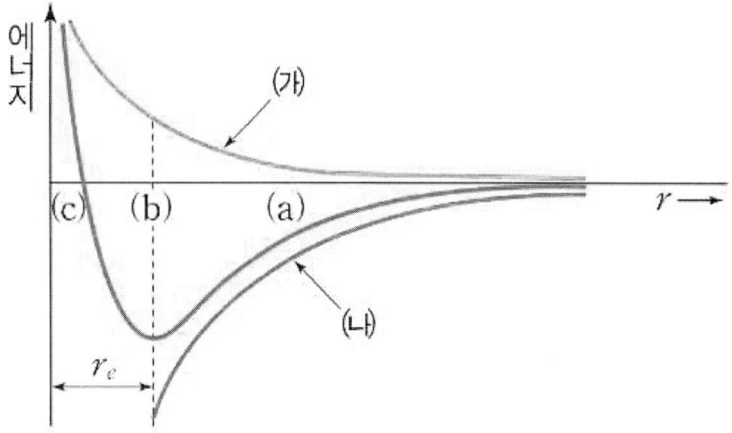

   (1) (가)는 양이온과 음이온 사이에 작용하는 인력에 대한 에너지 변화다.  (    )
   (2) $r_e$는 이온 결합이 형성되는 평형거리다.  (    )
   (3) (C)에서는 이온간의 인력이 반발력보다 강하다.  (    )

Q4. 옥텟 규칙에 따라 다음 원소의 원자로부터 생성될 수 있는 이온의 화학식과 이름을 쓰시오.
   (1) 칼륨         (2) 칼슘
   (3) 플루오린     (4) 염소

Q5. 규소(Si), 인(P), 황(S) 원자의 홀전자 수는 각각 몇 개인가?

Q6. 다음 분자에서 공유 전자쌍과 비공유 전자쌍의 개수는 각각 몇 개인가?
(1) $MgCl_2$

(2) $O_2$

(3) $BF_3$


Q7. 다음 중 수소 이온($H^+$)과 배위 결합을 형성할 수 있는 분자는 모두 몇 종류인가?

$H_2O$    $CH_4$    $NH_3$    $C_2H_4$


Q8. 다음 분자의 탄소 간의 공유 결합 길이가 작은 순서대로 나열하시오.
$C_2H_6$    $C_2H_4$    $C_2H_2$


Q9. 다음 원자들 사이의 결합을 무극성 공유 결합과 극성 공유 결합으로 구분해 보자.
(1) $N_2$    (2) $Br_2$    (3) $CO_2$    (4) $HBr$


Q10. 다음 분자들을 극성 분자와 무극성 분자로 구분해 보자.
(1) $BF_3$    (2) $CCl_4$    (3) $NH_3$    (4) $SO_2$

에듀컨텐츠·휴피아
CH Educontents Huepia

# VIII. 산화-환원과 산과 염기

## 1. 산화와 환원

산소는 자연계에 흔한 원소 중의 하나로 산소 분자는 반응성이 좋아서 거의 모든 물질과 결합을 형성 할 수 있다. 이와 같이 산소가 다른 물질과 결합하는 반응을 산소와 결합한다는 의미로 산화라고 하며 이런 산화반응은 우리 주위에서 흔히 볼 수 있다. 물질이 산소와 반응하여 빛과 열을 내면서 타는 연소 반응이 가장 대표적인 산화 반응이다. 그 예는 숯의 연소반응으로 숯의 주성분인 탄소가 공기중의 산소와 결합하여 이산화탄소로 산화된다.

$$C(s) + O_2(g) \rightarrow CO_2(g)$$

철과 같은 금속이 녹스는 반응도 산화 반응이 일종으로 연소와 달리 서서히 산화되는 이 반응을 금속의 부식이라고도 이야기 한다. 즉, 녹의 주성분인 산화 철(III)($Fe_2O_3$)은 산소에 의한 철의 산화물이다.

철은 공기 중의 산소와 쉽게 반응하여 산화되기 때문에 광산에서 채취한 철광석은 주로 산화 철(III)을 함유하고 있기 때문에 순수한 철을 얻기 위해서는 제련 과정이 필요하다. 이런 제련 과정은 여러 단계의 반응이 일어나지만 다음과 같이 나타낼 수 있다.

$$2Fe_2O_3(s) + 3C(s) \rightarrow 4Fe(l) + 3CO_2(g)$$

이 반응에서는 산화 철(III)이 산소를 잃고 철(Fe)이 된다. 이처럼 산화와 반대로 산소를 잃는 반응을 환원이라고 한다. 또한, 이 반응에서 탄소는 산소를 얻어서 이산화탄소로 산화되는 것을 확인할 수 있다. 즉, 하나의 물질은 산소를 얻는 산화 반응이 일어나고 다른 물질은 산소를 잃는 환원 반응이 동시에 일어나는 것을 확잏할 수 있고 이를 통해서 산화와 환원 반응이 항상 동시에 일어나는 것을 알 수 있다.

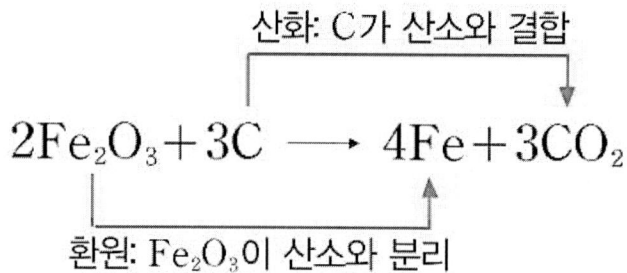

산소의 이동에 따른 산화-환원 반응외에도 전자의 이동에 따라서도 산화-환원 반응을 이야기 할 수 있다. 어떤 원자나 분자 또는 이온이 전자를 잃는 반응이 산화이고 반대로 전자를 얻는 반응이 환원이다. 예를 들어 산화마그네슘(MgO)을 형성할 때 마그네슘 원자는 전자 2개를 잃고 산화되고 산소 원자는 이 전자를 얻어 환원된다. 즉, 마그네슘 원자는 전자 2개를 잃고 산화되어 마그네슘이온($Mg^{2+}$)이 되고 산소는 이 전자를 얻어서 환원 되어 산화 이온($O^{2-}$)이 되어 이들 사이에 정전기적 인력에 의한 이온 결합이 형성된다. 이처럼 이온 결합 화합물의 경우는 전자의 이동이 명확히 나타나기 때문에 산화-환원을 확인하기가 쉽다.

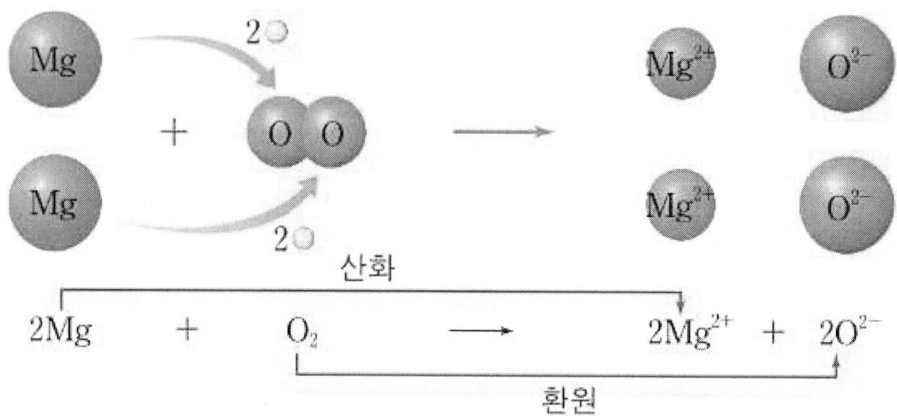

그러나 공유 결합에서는 전자쌍을 공유하고 있기 때문에 전자의 이동을 확인하기가 쉽지 않다. 따라서 극성 공유 결합에서의 전기 음성도 차이에 따른 전자의 치우침에 의해서 형성되는 부분적인 전하를 이용하게 된다. 이에 따라 산화는 전기 음성도가 작은 원자가 전기 음성도가 큰 원자에게 전자를 주는 반응이고, 환원은 전기 음성도가 큰 원자가 전기 음성도가 작은 원자에게 전자를 받는 반응이다. 예를 들면, 물을 생성할 때 산소는 수소보다 전기 음성도가 크므로 공유 전자쌍이 산소 쪽으로 치우치게 되어 산소가 부분적인 음전하를 수소가 부분적인 양전하를 띠게 되므로 수소는 전자를 잃고 산화되고 산소는 전자를 얻어서 환원된다고 이야기 할 수 있다. 물 분자와 마찬가지로 암모니아의 생성에서도 전기 음성도의 차이에 따라 질소 원자는 부분적인 음전하를 수소는 부분적인 양전하를 띠게 되어 각각 질소는 환원되고 수소는 산화되었다고 볼 수 있다.

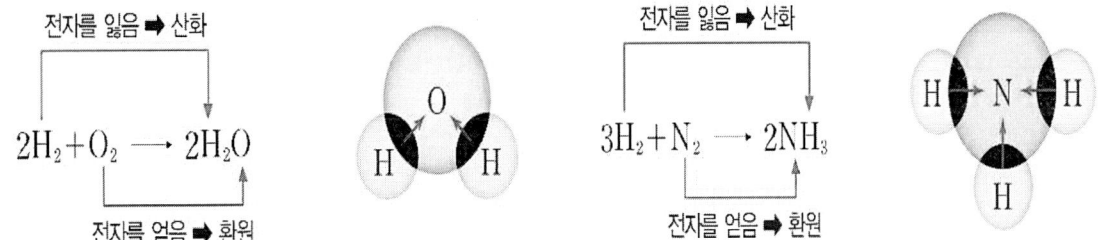

앞서 언급한 것처럼 산소나 다른 전기음성도가 큰 원소들을 포함하는 산화-환원 반응에서는 산화되고 환원되는 물질을 쉽게 확인할 수 있지만 산화되고 환원되는 물질을 확인하는 것이 어려운 산화-환원 반응들도 있다. 예를 들어 탄소와 황 사이의 산화-환원반응을 살펴보자.

$$C + 2S \rightarrow CS_2$$

이 화학반응에서는 전자의 흐름을 확인하기가 어렵다. 그래서 화학자들은 화학반응에서 전자의 흐름을 쉽게 추적하기 위해 산화수(oxidation number)라고 부르는 숫자를 도입하였다. 이것은 그 원소에 할당된 전자 수를 근거로 각 원소마다 계산된다. 산화수를 결정할 때에는 다음과 같은 규칙을 따른다.

1. 단원자 이온의 산화수는 그 이온의 전하와 같다.
2. 일반적으로 화합물에서 수소의 산화수는 보통 +1이다. 단, NaH와 같은 금속의 수소 화합물에서는 -1이다.
3. 일반적으로 화합물에서 산소의 산화수는 보통 -2이다. 단, 과산화물에서는 -1이고, 전기 음성도가 더 큰 플루오린과 결합하였 때에는 +2이다.
4. 홑원소 물질을 구성하는 원자의 산화수는 0이다.
5. 화합물에서 모든 원자들의 산화수 합은 0이다.
6. 다원자 이온에서 원자들의 산화수 합은 그 이온의 전제 전하와 같다.

이런 규칙들을 통해서 어떤 물질에 포함되어 있는 원자의 산화수를 알 수 있으면 화학 반응이 산화-환원 반응인지를 구별할 수 있다. 화학 반응 전후에 산화수의 증감이 있는 원자가 있으면 그 반응은 산화-환원 반응이다. 산화수가 증가하는 반응 물질은 전자를 잃게 되어서 산화수가 증가하게 되기 때문에 산화되었다고 이야기 하고 반대로 산화수가 감소하는 반응 물질은 전자를 얻게 되어서 산화수가 감소하기 때문에 환원되었다고 이야기한다. 예를 들어 암모니아를 생성하는 반응에서 질소의 산화수는 0에서 -3으로 감소하고 수소의 산화수는 0에서 +1로 증가하므로 각각 질소는 환원되었고 수소는 산화되었다고 말할 수 있다.

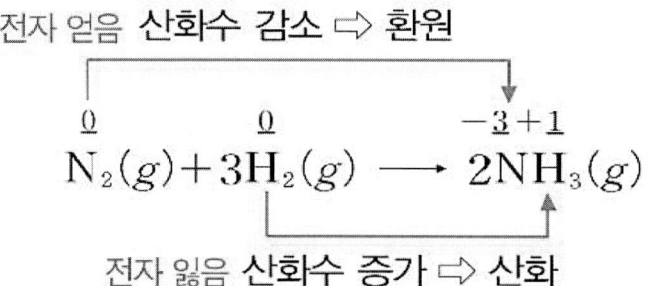

산화와 환원은 항상 동시에 일어나므로 어떤 물질이 산화되면 다른 물질은 반드시 환원된다. 산화-환원 반응에서 산화되는 물질은 다른 물질을 환원시키므로 환원제라고 하고, 환원되는 물질은 다른 물질을 산화시키므로 산화제라고 한다. 다시 말하면 환원제는 자신은 산화되면서 다른 물질을 환원시키는 물질이고, 산화제는 자신은 환원되면서 다른 물질을 산화시키는 물질을 의미한다. 일예로 구리와 질산의 반응이 있다.

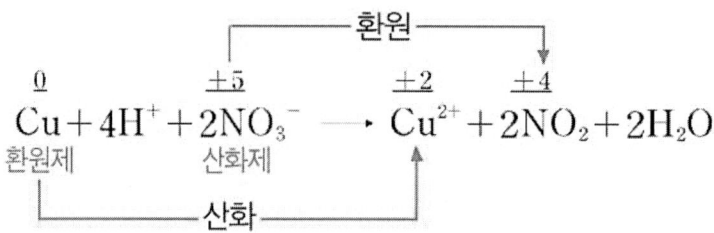

## 2. 산과 염기

산은 수용액에서 수소 이온을 방출하는 물질이고, 염기는 수산화 이온을 방출하는 물질이라고 스웨덴의 과학자 아레니우스가 정의하였다. 그러나 이 정의는 수용액에서 일어나는 반응에만 적용가능하고 수소나 수산화 이온을 방출하지 않는 물질에는 적용할 수 없는 제한점이 있다. 예를 들어, 암모니아는 수용액에서 수소 이온과 결합하여 간접적으로 수산화 이온의 농도를 높이는 염기성 물질이지만 암모니아가 직접 수산화 이온을 방출하지 않기 때문에 아레니우스의 산-염기 정의에서는 암모니아를 염기라고 말할 수 없다.

그래서 덴마크의 과학자 브뢴스테드와 영국의 과학자 로우리는 아레니우스의 정의의 제한점을 해결하기 위해서 다른 물질에게 수소 이온(양성자)을 내놓는 물질을

산, 다른 물질로부터 수소 이온을 얻는 물질을 염기라고 정의하였다. 이를 통해 아레니우스의 정의에서 설명할 수 없었던 암모니아의 수용액에서의 작용을 설명할 수 있다. 암모니아가 물에 녹아서 물 분자로부터 수소를 얻기 때문에 염기이고 물분자는 수소를 주기 때문에 산이라고 할 수 있다.

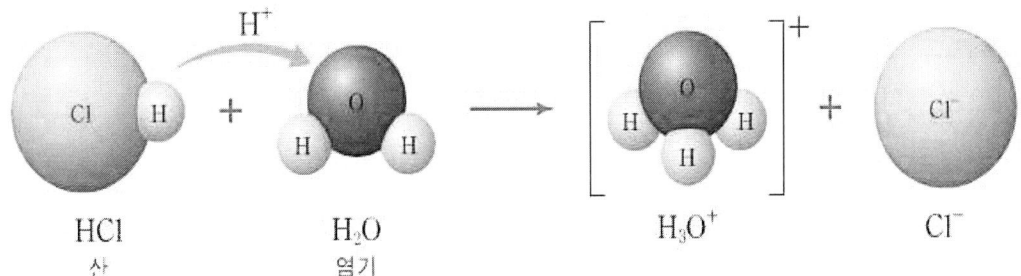

염화 수소가 물에서 이온화되는 과정에서 염화 수소는 수소 이온을 방출하므로 산이고, 물은 수소 이온을 받으므로 염기이다. 즉, 수용액 속에 수소 이온이 아니라 하이드로늄 이온이 존재하지만 염화 수소를 산으로 정의할 수 있다.

이처럼 물은 암모니아와 반응할 때에는 수소 이온을 내놓는 산으로 작용하지만, 염화 수소와 반응할 때에는 수소 이온을 받는 염기로 작용한다. 이와 같이 산으로 작용할 수도 있고 염기로도 작용할 수 있는 물질을 양쪽성 물질이라고 한다.

또한, 기체 상태의 염화 수소와 암모니아가 흰색의 염화암모늄을 생성하는 반응처럼 수용액에서 일어나지 않는 반응에도 적용할 수 있다. 염화 수소는 수소 이온을 내놓으므로 산이고, 암모니아는 수소 이온을 받으므로 염기이다.

## 3. 중화반응

어떤 용액은 산성, 중성, 염기성 용액에서 서로 다른 색깔을 띠는데 이처럼 용액의 성질에 따라 색깔이 변하는 물질을 지시약이라고 한다. 지시약의 변색 원리는 약산 또는 약염기로 이뤄진 지시약이 수용액에서 서로 색깔이 다른 산성형(HIn)과 그 짝염기형(In-)이 평형을 이루고 있다가 산성 용액 내에서는 수소이온의 농도가 증가하여 이온 평형이 역반응 쪽으로 이동하여 산성형의 색을 나타낸다. 반대로 염기성 용액 내에서는 수산화 이온에 의해 중화 반응이 일어나 수소 이온의 농도가 감소하여 이온 평형이 정반응 쪽으로 이동하여 짝염기형의 색깔을 나타낸다.

$$\underline{HIn(aq)} + H_2O(l) \rightleftharpoons H_3O^+(aq) + \underline{In^-(aq)}$$
산성형(색1)               짝염기형(색2)

다음은 주요 지시약의 변색범위와 산성형과 짝염기형의 색깔을 나타낸 표이다.

| 지시약 | 산성형 | pH 범위 | 짝염기형 |
|---|---|---|---|
| 페놀프탈레인 | 무색 | 8.0 ~ 9.6 | Red |
| 메틸오렌지 | Red | 3.1 ~ 4.4 | Yellow |
| 메틸레드 | Red | 4.8 ~ 6.0 | Yellow |
| 리트머스 | Red | 5.0 ~ 8.0 | Blue |
| 브롬티몰블루 | Yellow | 6.0 ~ 7.6 | Blue |
| 티몰블루 | Red | 1.2 ~ 2.8 | Yellow |
| 페놀레드 | Yellow | 6.4 ~ 8.0 | Red |

용액의 산성이나 염기성의 세기를 비교하기 위한 척도로 pH를 사용한다. pH는 수용액 속에 수소 이온($H^+$)이 얼마나 존재하는가를 나타내는 척도로 수소 이온의 몰농도의 음의 로그 값으로 나타낸다. 즉, pH = $-\log[H^+]$ ($[H^+]$는 몰농도)로 나타낼 수 있다. 25℃에서 중성인 순수한 물의 pH는 7이다. 그리고 pH가 7보다 작아질수록 산성이 강해지고, 7보다 커질수록 염기성이 강해진다. 또한, pH를 통해서 수소 이온의 몰농도를 비교할 때는 pH 1의 차이가 10의 배수 차이를 나타낸다는 것을 잊지 말아야 하겠다. 즉, pH 1은 pH 2보다 수소 이온의 농도가 10배 크다. 그리고 pH처럼 pOH는 수용액 중의 수산화 이온의 몰농도의 음의 로그 값으로 pOH= $-\log[OH^-]$로 나타낼 수 있다. 그리고 pH와 pOH의 합은 항상 14로 수용액

의 수소 이온이나 수산화 이온의 몰농도를 알고 있으면 각각 반대 이온의 농도도 알 수가 있다.

수용액에서 산은 수소 이온과 음이온을 염기는 수산화 이온과 양이온을 생성한다. 이들 산과 염기를 반응시키면 수소 이온과 수산화 이온이 결합하여 물분자를 생성하게 되고 이로 인해서 산성과 염기성이 감소하게 된다. 이를 중화 반응이라고 한다. 그 예가 염산과 수산화 나트륨의 중화 반응으로 염산의 수소 이온과 수산화 나트륨의 수산화 이온이 반응하여 물을 생성하고 나트륨 이온과 염화 이온은 중화 반응에 참여하지 않는 구경꾼 이온이다. 즉, 산과 염기가 중화 반응을 할 때, 산의 수소 이온과 염기의 수산화 이온이 반응하여 물을 생성하고 산의 음이온과 염기의 양이온은 수용액속에서 이온 결합을 통해 물질을 형성하게 되는데 이것을 염이라고 한다. 이러한 염은 반응하는 산과 염기에 따라서 종류가 달라진다.

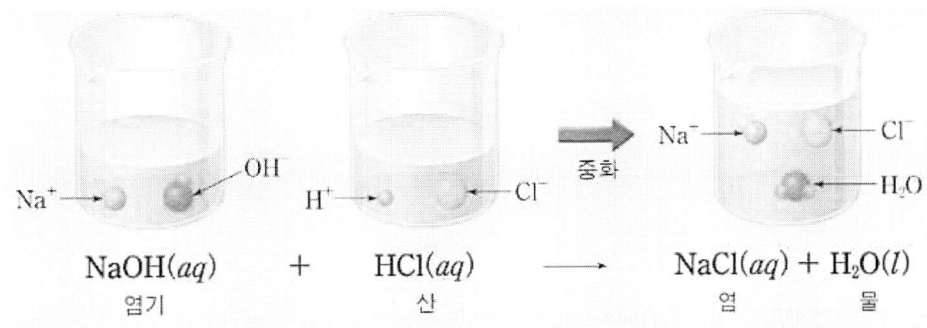

산과 염기의 중화 반응에서 수소 이온과 수산화 이온은 같은 몰 수 만큼 반응한다. 따라서 혼합하는 수소 이온과 수산화 이온의 수가 같으면 중화 반응이 완전히 일어나서 중성이 된다. 그러나 수소 이온이나 수산화 이온 중 어느 한쪽의 수가 더 많으면 중화 반응이 일어난 후에도 산성이나 염기성을 나타낸다.

## § HOME WORK

· 산 화 :

· 환 원 :

· 산화수 :

· 산화제 :

· 환원제 :

· 산 :

· 염기 :

· 지시약 :

· pH :

· pOH :

· 중화반응 :

# § LECTURE NOTE

1. 산화와 환원

(1) 산화

- 정의 : _____

- (      ) : 물질이 타면서 빛과 열을 내는 가장 대표적인 산화 반응

    ex] 숯의 주성분인 (      )가 산소와 결합하여 이산화 탄소로 산화

    $\Rightarrow C(s) + O_2(g) \rightarrow CO_2(g)$

- (      ) : 철과 같은 금속이 (      )와 결합하여 서서히 산화되는 반응

Cf. (      )는 빠르게 진행되는 산화 반응, (      )은 느리게 진행되는 산화 반응

(2) 환원

- 정의 : _____

- 철의 제련 : 산화 철($Fe_2O_3$)의 (      )이 일어나 철(Fe)을 얻음

    ex] $2Fe_2O_3(s) + 3C(s) \rightarrow 4Fe(l) + 3CO_2(g)$

- 산화 구리(II)의 (      ) : $CuO(s) + H_2(g) \rightarrow Cu(s) + H_2O(g)$

(3) 전자의 이동과 산화와 환원

- (      ) : 화학 반응에서 전자를 잃는 것

- (      ) : 화학 반응에서 전자를 얻는 것

- 산화-환원 반응 : 산화와 환원은 항상 (      ) 일어남

(4) 공유결합 화합물에서의 산화와 환원

- 전기음성도의 차이에 의해 공유 전자쌍이 한쪽으로 치우쳐서 (      )를 띰

    ⇒ 전자의 이동에 의한 산화-환원 반응으로 볼 수 있음

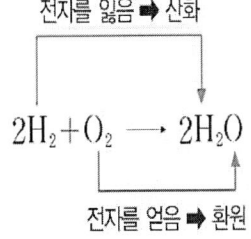 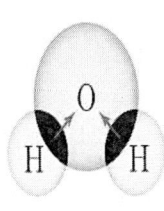 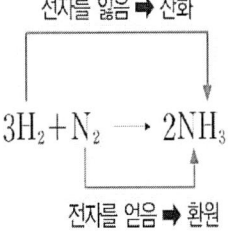 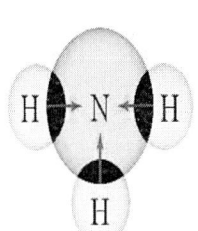

(5) 산화수

　　- 정의 : _____

　　- 규칙

　　　① _____

　　　② _____
　　　　 _____

　　　③ _____
　　　　 _____

　　　④ _____

　　　⑤ _____

　　　⑥ _____

(6) 산화제와 환원제

　　- 산화제 : _____

　　- 환원제 : _____


## 2. 산과 염기

(1) 아레니우스 정의

　　- 산 : _____

　　- 염기 : _____

　　- 제한점 : 수용액에서 수소 이온이나 수산화 이온을 내놓지 않는 물질에는 적용 불가
　　　　　　　ex] 암모니아

(2) 브뢴스테드-로우리 정의

　　- 산 : _____

　　- 염기 : _____

　　- 아레니우스 정의의 제한점 극복

① 암모니아가 물에 용해되는 반응 : 염기-(        ), 산-(        )

② 염화수소가 물에서 이온화 되는 반응 : 염기-(        ), 산-(        )

③ 기체 상태의 염화 수소와 암모니아의 반응 : 염기-(        ), 산-(        )

Cf. (        ) : 산 또는 염기로 작용할 수 있는 물질   ex] 물

3. 중화 반응

- 지시약 : 

- 지시약의 변색 원리 :

  지시약 자체가 약산 또는 약염기로 수용액에서 색깔이 다른 (        )과 그 (        )이 평형을 이루고 있다가 용액의 pH 변화에 따라 변색

  ⇒ 산성 용액 - (        ), 염기성 용액 - (        )

$$\underline{HIn(aq)} + H_2O(l) \rightleftharpoons H_3O^+(aq) + \underline{In^-(aq)}$$
산성형(색1)                               짝염기형(색2)

- 주요 지시약의 변색범위

| 지시약 | 산성형 | pH 범위 | 짝염기형 |
|---|---|---|---|
| 페놀프탈레인 | | | |
| 메틸오렌지 | | | |
| 메틸레드 | | | |
| 리트머스 | | | |
| 브롬티몰블루 | | | |
| 티몰블루 | | | |
| 페놀레드 | | | |

- pH : 

- pOH : 

- 중화 반응 :

# § REVIEW EXERCISES

Q1. 아래 반응에서 산화되는 물질과 환원 되는 물질을 골라 보자.
   (1) $C_3H_8(g) + O_2(g) \rightarrow CO_2(g) + H_2O(g)$

   (2) $Mg(g) + 2HCl(aq) \rightarrow MgCl_2(aq) + H_2(g)$

   (3) $H_2(g) + F_2(g) \rightarrow 2HF(g)$


Q2. 다음 화합물이나 이온에 들어 있는 원자들의 산화수를 구해 보자.
   (1) 이산화탄소($CO_2$)

   (2) 황산 이온($SO_4^{2-}$)

   (3) 탄산 수소 나트륨($NaHCO_3$)


Q3. 다음 반응에서 산화된 물질과 환원된 물질을 말해 보자.
   (1) $2HNO_3 + 3H_2S \rightarrow 2NO + 3S + 4H_2O$

   (2) $SO_2 + 2H_2S \rightarrow 2H_2O + 3S$


Q4. 0.00010M $HCO_3$ 용액의 수소 이온 농도 $[H^+]$는?


Q5. 수소 이온 농도가 $1.0 \times 10^{-10}$ M일 때 pH는?


Q6. 1.5 M 수산화 나트륨을 중화하는데 필요한 염산은 몇 몰인가?


Q7. 1.5 M 수산화 칼슘을 중화하는데 필요한 염산은 몇 몰인가?

Q8. 다음 산-염기 중화 반응의 화학 반응식을 완성하고, 생성되는 염을 말해 보자.

(1) HCl + NH₄OH →

(2) H₂SO₄ + NaOH →

(3) H₂CO₃ + Ca(OH)₂ →

에듀컨텐츠 휴피아
CH Educontents Huepia

# 부 록

# I. 단위와 농도

## 1. 기본 단위 (SI base unit)

| 물리량 | 명칭 | 기호 | 물리량 | 명칭 | 기호 |
|---|---|---|---|---|---|
| 길이 | 미터 (meter) | m | 온도 | 캘빈 (kelvin) | K |
| 질량 | 킬로그램 (Kilogram) | kg | 광도 | 칸델라 (cendela) | cd |
| 시간 | 초 (second) | s | 물질량 | 몰 (mole) | mol |
| 전류 | 암페어 (Ampere) | A | 촉매량 | 카탈 (katal) | Kat |

## 2. SI 단위에 사용되는 접두어

| 인자 | 접두어 | 기호 | 인자 | 접두어 | 기호 |
|---|---|---|---|---|---|
| $10^{24}$ | 요타 (yotta) | Y | $10^{-1}$ | 데시 (deci) | d |
| $10^{21}$ | 제타 (zetta) | Z | $10^{-2}$ | 센티 (centi) | c |
| $10^{18}$ | 엑사 (exa) | E | $10^{-3}$ | 밀리 (mili) | m |
| $10^{15}$ | 페타 (peta) | P | $10^{-6}$ | 마이크로 (micro) | μ |
| $10^{12}$ | 테라 (tera) | T | $10^{-9}$ | 나노 (nano) | n |
| $10^{9}$ | 기가 (giga) | G | $10^{-12}$ | 피코 (pico) | p |
| $10^{6}$ | 메가 (mega) | M | $10^{-15}$ | 펨토 (femto) | f |
| $10^{3}$ | 킬로 (kilo) | k | $10^{-18}$ | 아토 (atto) | a |
| $10^{2}$ | 헥토 (hecto) | h | $10^{-21}$ | 젭토 (zepto) | z |

## 3. 용액의 농도

(1) 퍼센트 용액

- 중량(W)/용량(V) : 용액 100 ml 중에 포함된 용질의 g 수
- 용량(V)/용량(V) : 용액 100 ml 중에 포함된 용질의 ml 수
- 중량(W)/중량(W) : 용액 100 g 중에 포함된 용질의 g 수

(2) 몰(mole) : 화합물의 분자량을 그램으로 나타낸 것
   cf. 아보가드로의 수

(3) 몰 농도(molarity) : 용액 1 L 안에 포함된 용질의 몰 수

(4) 몰랄 농도(molality) : 용매 1 kg당 용질의 몰 수

(5) 노르말 농도 (normality) : 용액 1 L 안에 존재하는 용질의 당량
   cf. 당량 : 분자량 / 원자가

# 2. 탄수화물

1. 탄수화물
(1) 탄소와 물의 화합물
(2) 실험식도 대부분 탄소원자와 물분자의 구성비 즉, (CH₂O)n로 나타냄

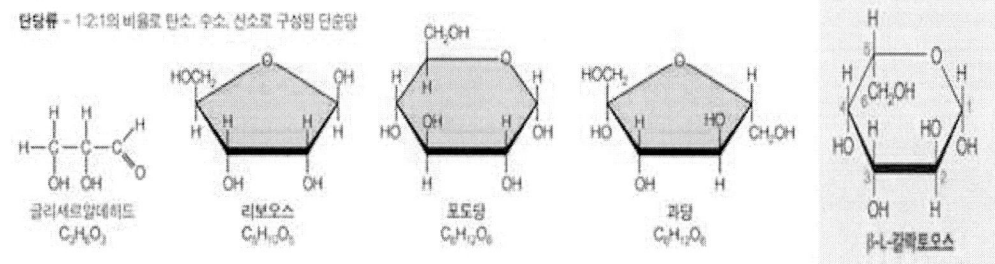

2. 단당류
(1) 당의 성질을 가진 최소 단위의 개별적 분자
(2) 명명법
  ① 탄소수에 따른 명명법 : 삼탄당, 사탄당, 오탄당, 육탄당 등
  ② 기능기의 종류에 따른 명명법

   - 알데히드(R-CHO) 유도체 : 알도오스
   - 케톤(R-CO-R) 유도체 : 케토오스

  ③ 히드록실기의 위치에 따른 명명법
   - D-form : 마지막 부제탄소에 붙은 히드록실기가 오른쪽에 위치
   - L-form : 마지막 부제탄소에 붙은 히드록실기가 왼쪽에 위치

(3) 환원당

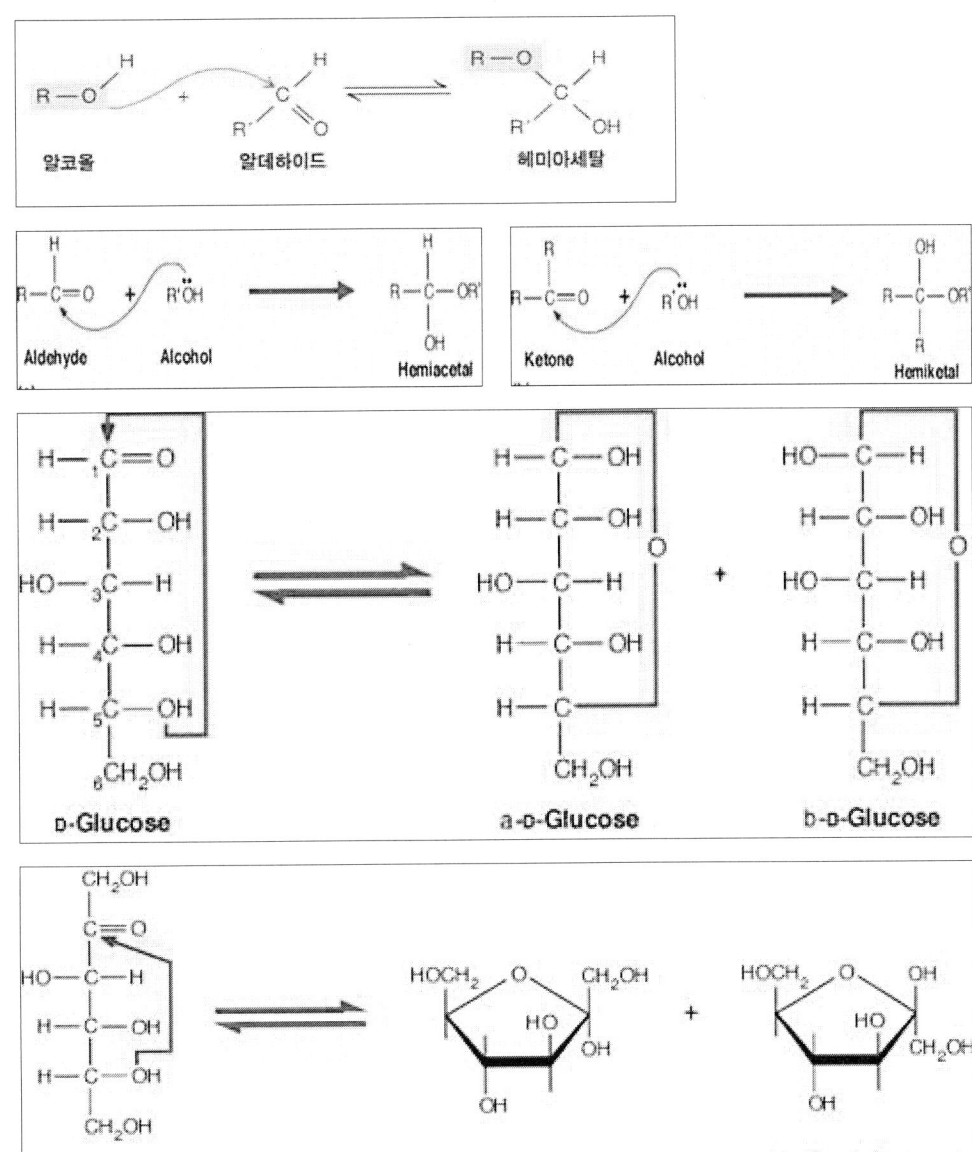

## 3. 이당류

(1) 정의 : 2개의 단당류가 글리코시드 결합에 의해 연결된 분자

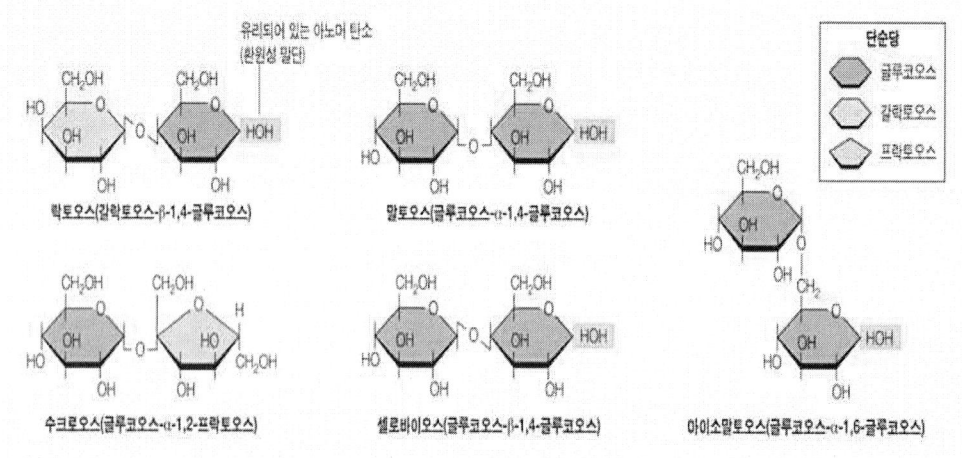

(2) 종류

## 4. 다당류

(1) 적어도 11개 이상의 단당류가 연속적으로 결합하여 형성된 사슬 분자
(2) 전분(Starch)
　① 식물의 에너지 저장원
　② 아밀로오스와 아밀로펙틴
(3) 글리코겐(Glycogen) : 동물의 에너지 저장원

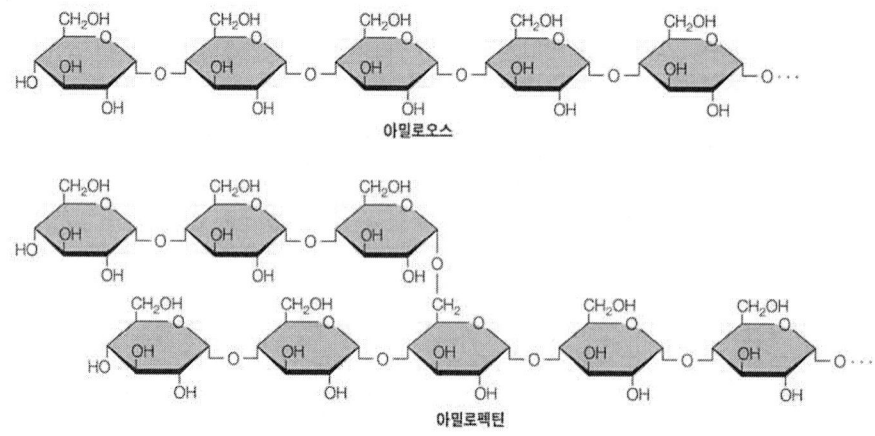

CH₂OH
CH₂OH
α(1→4)
글루코오스
글루코오스

Nonreducing ends
Side chain
α (1,6) linkage (branch point)
Reducing end
α (1,4) linkage

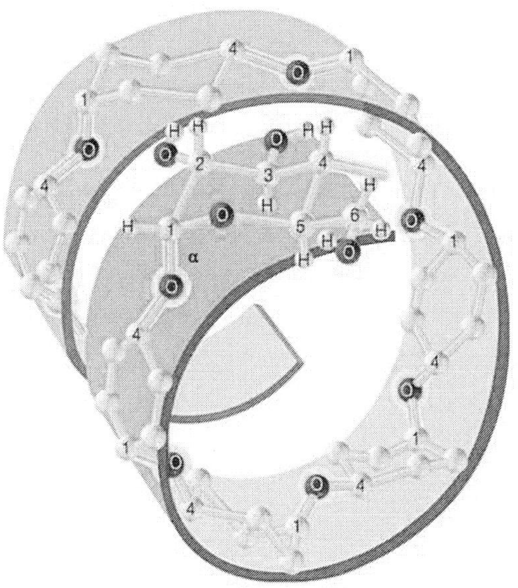

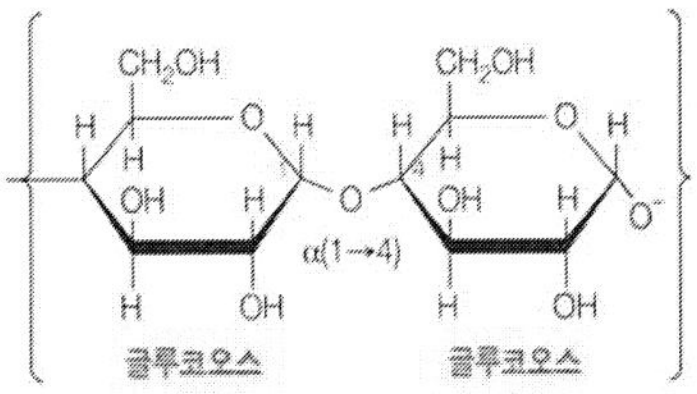

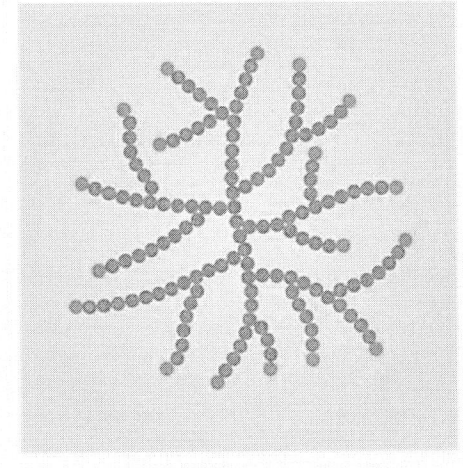

아밀로펙틴

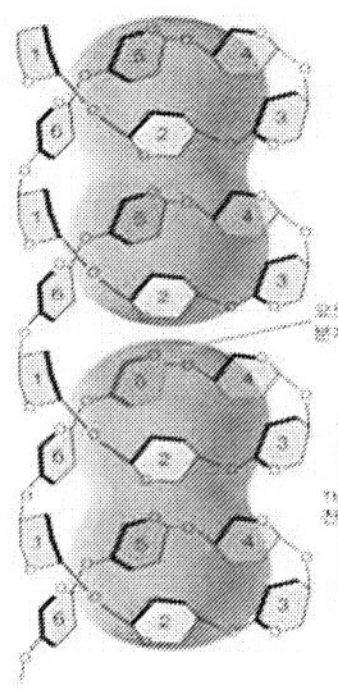

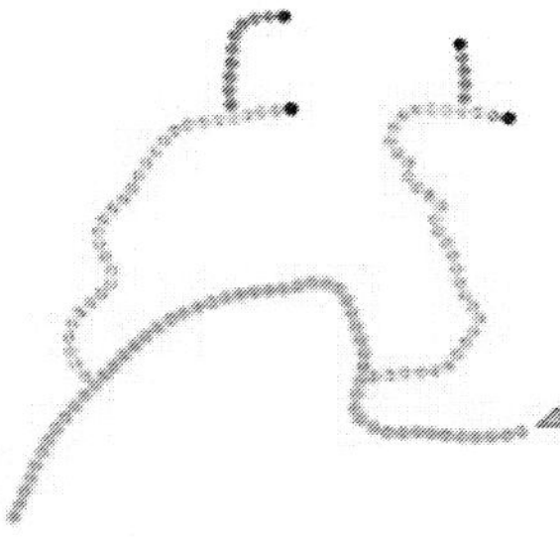

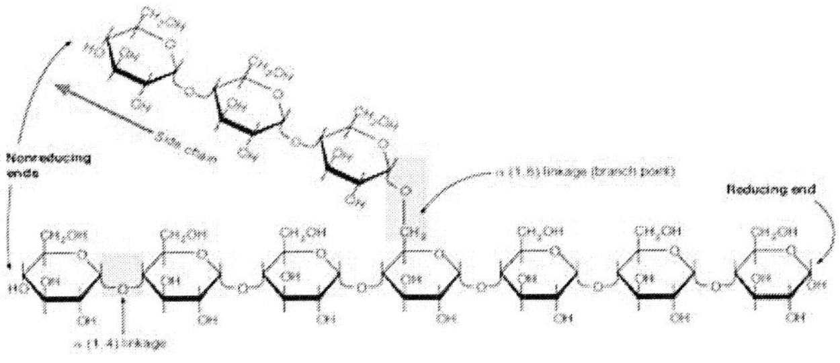

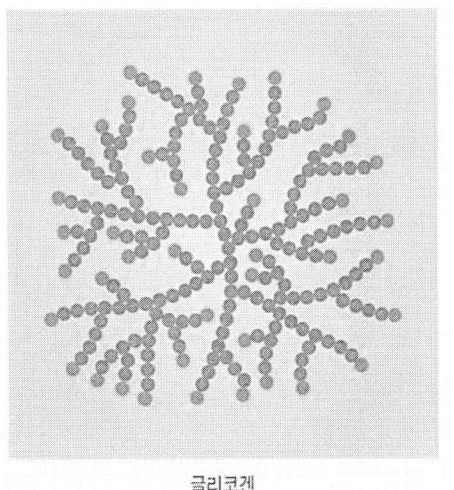

글리코겐

5. 탄수화물 대사경로
(1) Glycogenolysis
(2) Glycogenesis
(3) Glycolysis
(4) Gluconeogenesis

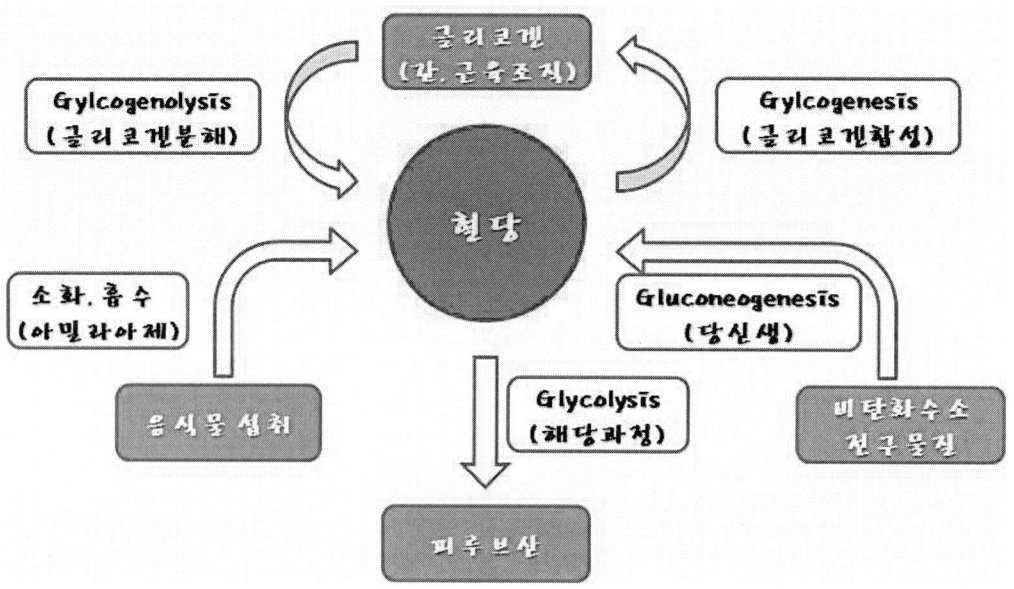

# 3. 단백질

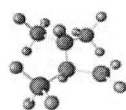

1. 아미노산
(1) 구조

α 탄소에 카르복실기(-COOH), 아미노기(-NH₂), 측쇄인 R기로 구성된 생체분자

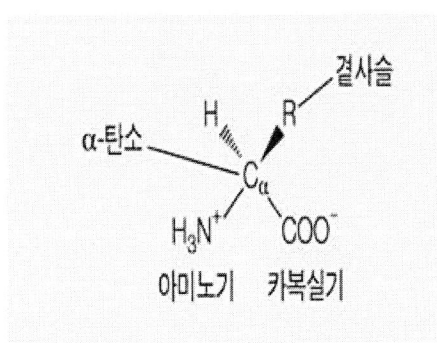 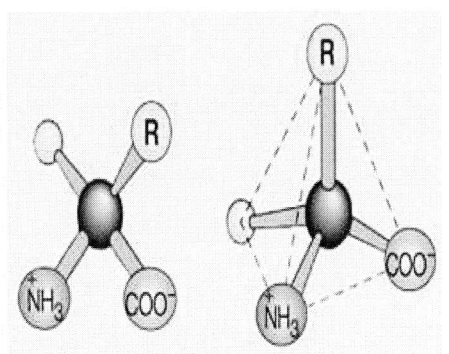

(2) 20종류의 아미노산이 존재

① 12종 : 생체내에 합성이 가능

② 8종 : 음식물을 통해서 공급 >>> 필수아미노산

→ 이소루신, 루신, 리신, 메티오닌, 페닐알라닌, 트레오닌, 트립토판, 발린

(3) 양성물질(쯔비터이온)

분자내에 음이온과 양이온을 함께 가진 중성분자

(4) 분류 : 측쇄(-R기)의 성질에 따라서 아미노산의 성질이 결정

① 산성 : 카르복실기(-COOH)

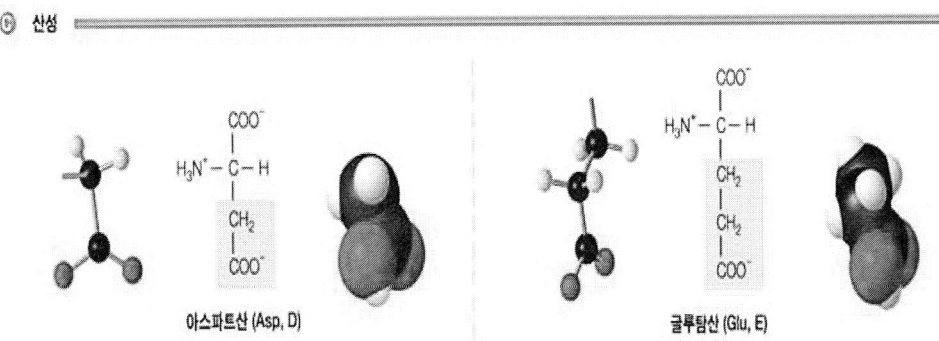

② 염기성 : 아미노기 (-NH$_3^+$) 또는 이미노기 (=NH$^+$)

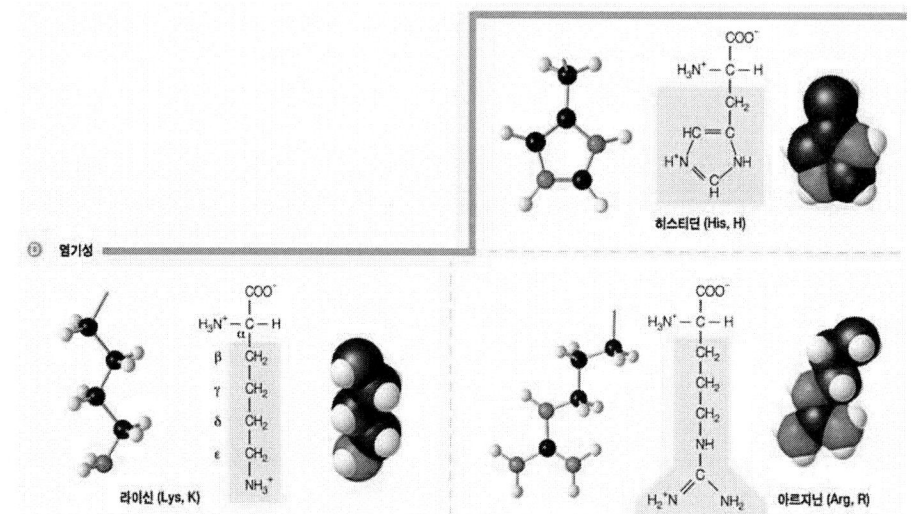

③ 중성, 비극성(소수성)

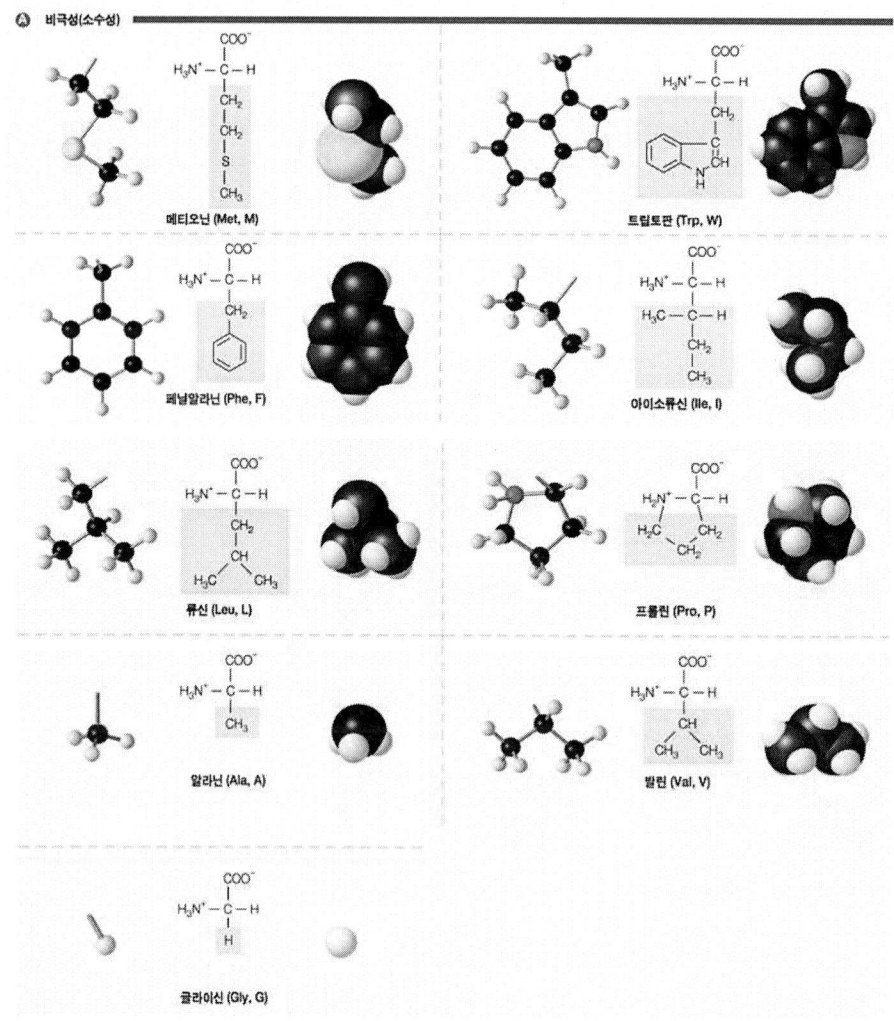

④ 중성, 극성

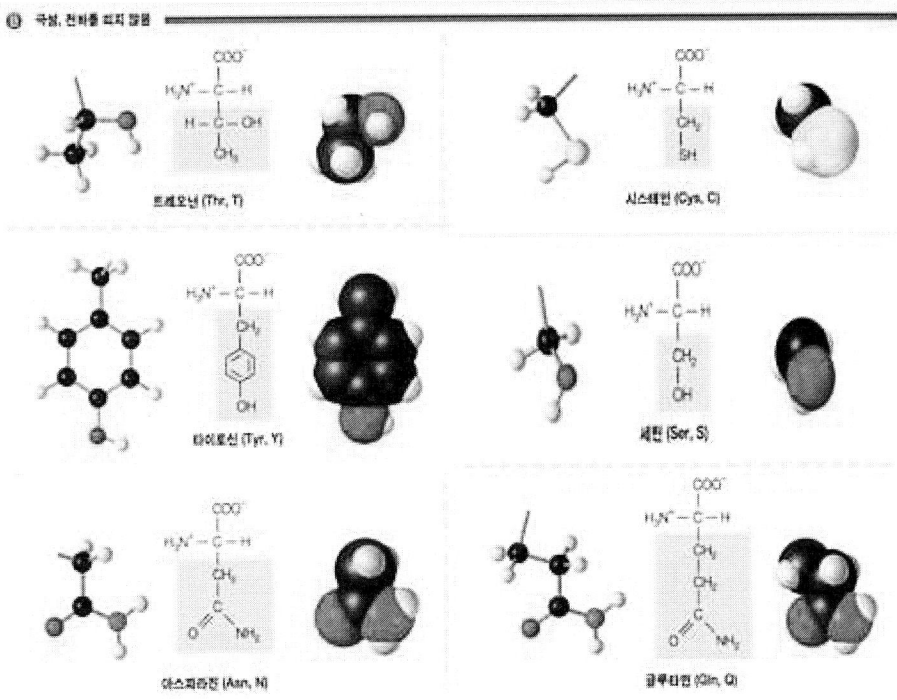

(5) 일반적 아미노산의 이름과 약어

| 아미노산 | 세 글자 약어 | 한 글자 약어 |
|---|---|---|
| 알라닌 | Ala | A |
| 아르지닌 | Arg | R |
| 아스파라진 | Asn | N |
| 아스파트산 | Asp | D |
| 시스테인 | Cys | C |
| 글루탐산 | Glu | E |
| 글루타민 | Gln | Q |
| 글라이신 | Gly | G |
| 히스티딘 | His | H |
| 아이소류신 | Ile | I |
| 류신 | Leu | L |
| 라이신 | Lys | K |
| 메티오닌 | Met | M |
| 페닐알라닌 | Phe | F |
| 프롤린 | Pro | P |
| 세린 | Ser | S |
| 트레오닌 | Thr | T |
| 트립토판 | Trp | W |
| 타이로신 | Tyr | Y |
| 발린 | Val | V |

참고: 한 글자 약어는 가능하면 아미노산 이름과 동일한 글자로 시작한다. 이름이 동일한 글자로 시작되는 아미노산이 여러 개 있으면, Rginine(아르지닌), asparDic(아스파트산), Fenylalanine(페닐알라닌), tWyptophan(트립토판)과 같이 발음상 나타나는 글자때로는 익살스런 글자)가 사용된다. 두 가지 이상의 아미노산이 동일한 글자로 시작되는 경우에는, 가장 작은 아미노산이 그 글자 약어를 갖는다.

## 2. 단백질

(1) 정의

하나의 아미노산의 카르복실기와 다른 하나의 아미노산의 아미노기 사이의 연속적인 펩티드 결합에 의해 구성된 복잡한 중합체

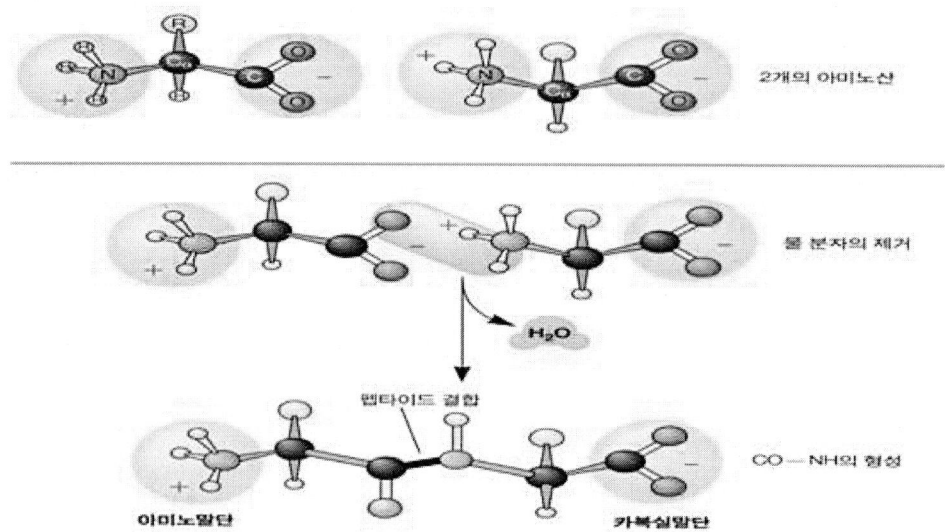

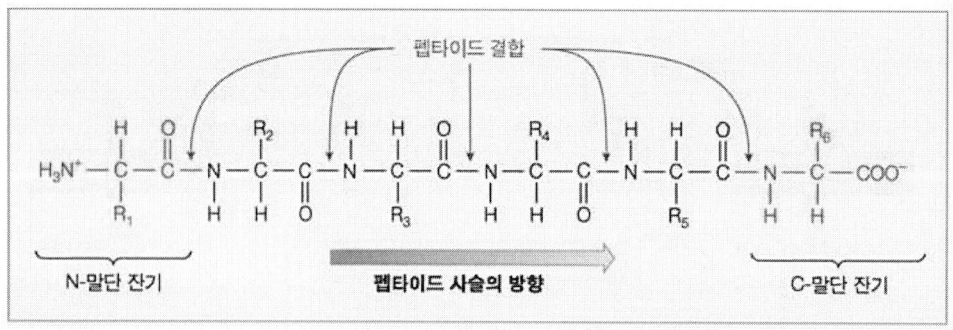

(2) 단백질의 1차 구조

① 아미노산들이 펩티드 결합에 의해서만 단순하게 구성된 사슬

② 아미노산의 배열은 생물학적 특성상 매우 중요

→ 만일 한 개의 아미노산만 치환되더라도 생물학적 활성이 변함

㉮ 겸상적혈구빈혈증 (Sickle cell anemia)

| | | | | | | | | | |
|---|---|---|---|---|---|---|---|---|---|
| Hb A | Val | His | Leu | Thr | Pro | Glu | Glu | Lys | 정상인 |
| Hb S | Val | His | Leu | Thr | Pro | Val | Glu | Lys | 환자 |
| | 1 | 2 | 3 | 4 | 5 | 6 | 7 | 8 | |

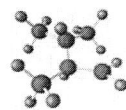

(3) 단백질의 2차 구조
   ① 아미노산 사슬의 국소적 공간구조의 정의
   ② 폴리펩티드 사슬내의 아미노산과 인접한 아미노산 사이에 수소결합
   ③ α-나선과 β-병풍 구조

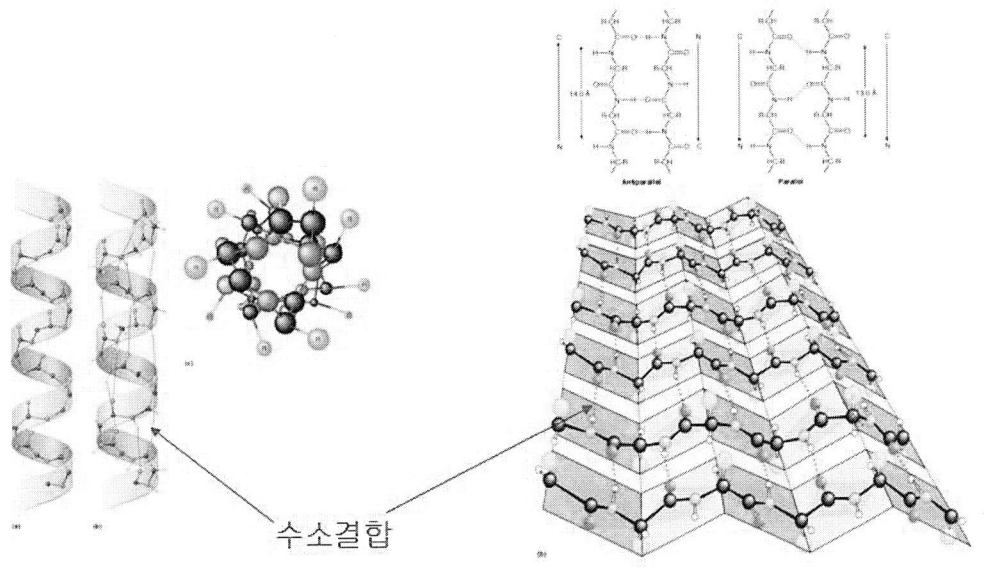

수소결합

(4) 단백질의 3차 구조
   ① 다양한 2차 구조가 축척되어 전체적으로 3차원 구조를 형성
   ② 생물학적 기능을 갖음
   ③ 단백질 접힘 (protein folding) : 1차구조가 3차구조가 되는 과정
      → 정전기적 상호작용, 이황화결합, 소수성상호작용, 수소결합

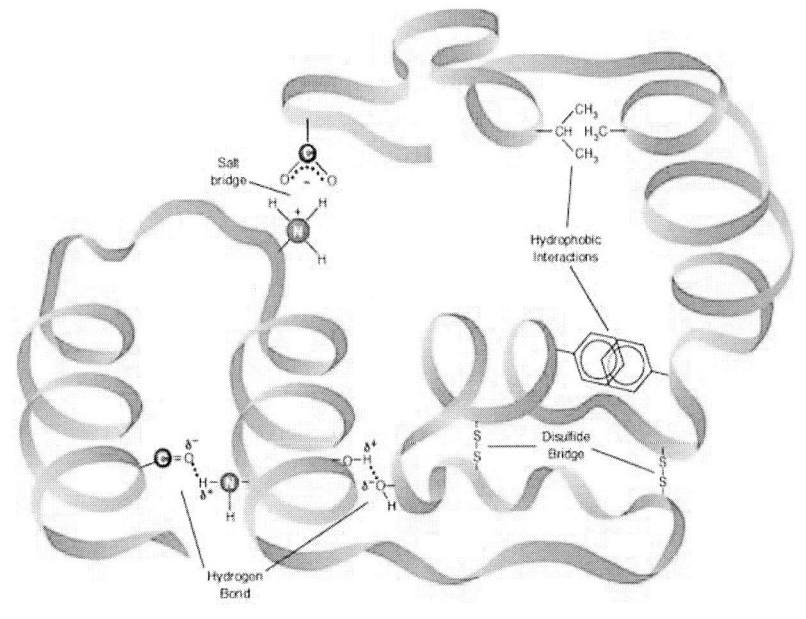

(5) 단백질의 4차구조

3차구조 단백질들이 소단위체(subuint)가 되고, 이 소단위체가 비공유결합으로 하나의 기능적 단백질을 형성한 것

㉠ 헤모글로빈

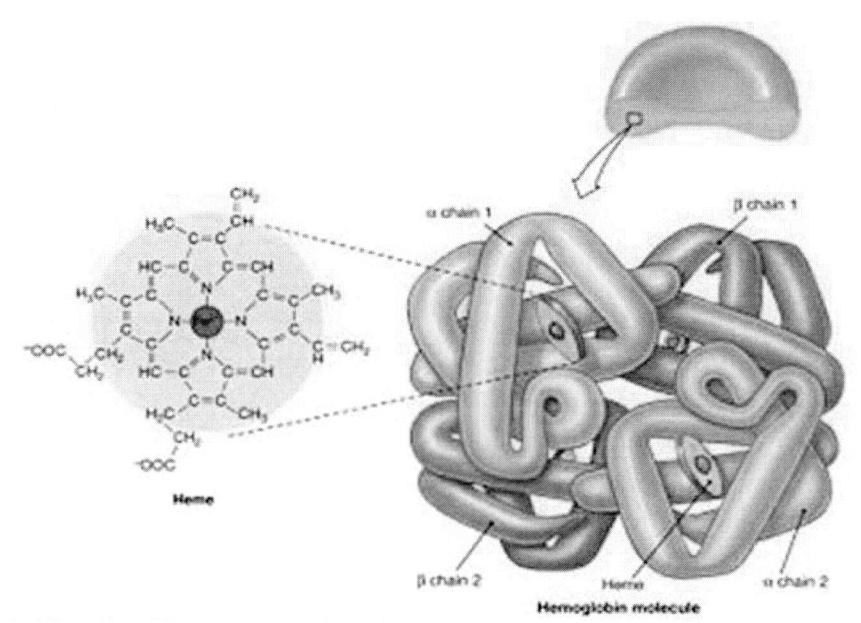

(6) 단백질의 변성

3차구조의 변화로 발생되면 기능을 상실하게 됨.(보통 1차구조는 불변)

## 3. 단백질의 분류

(1) 형태에 따른 분류

① 구상단백질

- 둥글고 치밀하게 접혀있는 사슬
- 대부분의 혈청단백질 : 마이오글로블린, 헤모글로블린 등

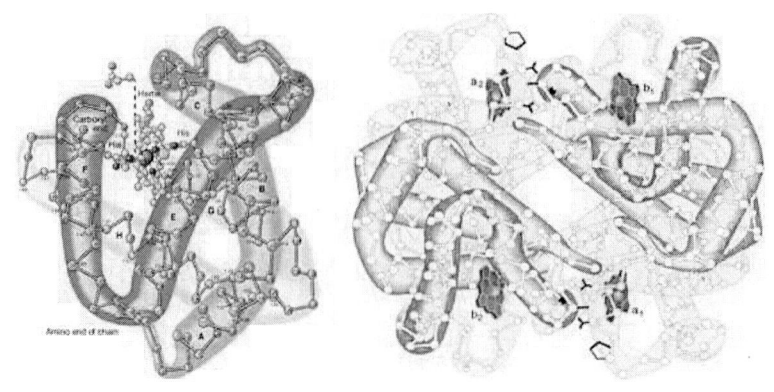

② 섬유상단백질
- 가는 막대모양의 사슬
- 모발, 콜라겐, 피브린 등과 같은 구조단백질

α-Helix

Coiled coil of two α-helices

Protofilament (pair of coiled coils)

Filament (four right-hand twisted protofilaments)

(2) 성분에 따른 분류
① 단순단백질 : 아미노산 한가지 성분으로만 구성
② 복합단백질 : 아미노산 이외의 분자가 결합
- 아포단백질 : 아미노산 부분
- 보결분자단 : 비아미노산 부분
- 명칭 : 보결분자단에 의해 결정

| 분류 | 보결분자단 | 예 |
|---|---|---|
| 지단백질 | 지질 | 고밀도지단백 (HDL) |
| 당단백질 | 탄수화물 (<4%) | 면역글로불린 G |
| 뮤코단백질 | 탄수화물 (>4%) | 헤모펙신 (hemopexin) |
| 금속성단백질 | 금속 | 헤모글로빈 (Fe) |
| 인단백질 | 인산 | 유즙의 카세인 |

# 4. 지방

1. 지질
(1) 물에 잘 녹지 않고, 알코올, 아세톤, 벤젠, 에테르 및 클로로포름과 같은 유기용매에 용해되는 물질
(2) 기능
   - 호르몬과 비타민 형성
   - 소화작용을 촉진하는 유화제의 역할
   - 에너지원으로서도 중요
   - 세포막의 구성요소로서 선택적 투과성에 관여
(3) 종류 : 중성지방, 인지질, 콜레스테롤 등

2. 지방산
(1) 말단에 카르복실기를 가지는 선형의 탄화수소 사슬
   → 친수성의 머리부분과 소수성의 꼬리부분
(2) 보통 탄소수와 이중결합수에 의해 종류가 결정
(3) 포화지방산 : 이중결합이 없는 지방산
(4) 불포화지방산 : 하나 이상의 이중결합을 갖는 지방산

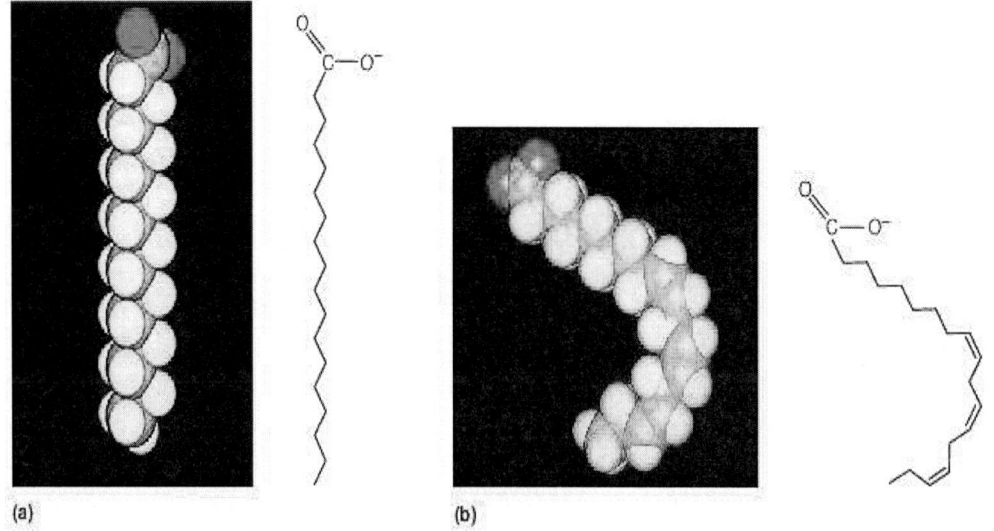

(5) 종류 : Acetyl-CoA로부터 합성됨.

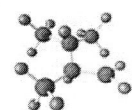

| Common Name | Structure | Abbreviation |
|---|---|---|
| **Saturated Fatty Acids** | | |
| Myristic acid | $CH_3(CH_2)_{12}COOH$ | 14:0 |
| Palmitic acid | $CH_3(CH_2)_{12}CH_2CH_2COOH$ | 16:0 |
| Stearic acid | $CH_3(CH_2)_{12}CH_2CH_2CH_2COOH$ | 18:0 |
| Arachidic acid | $CH_3(CH_2)_{12}CH_2CH_2CH_2CH_2CH_2COOH$ | 20:0 |
| Lignoceric acid | $CH_3(CH_2)_{12}CH_2CH_2CH_2CH_2CH_2CH_2CH_2CH_2CH_2COOH$ | 24:0 |
| Cerotic acid | $CH_3(CH_2)_{12}CH_2CH_2CH_2CH_2CH_2CH_2CH_2CH_2CH_2CH_2CH_2COOH$ | 26:0 |
| **Unsaturated Fatty Acids** | | |
| Palmitoleic acid | $CH_3(CH_2)_5\overset{H}{C}=\overset{H}{C}(CH_2)_7COOH$ | $16:1^{\Delta 9}$ |
| Oleic acid | $CH_3(CH_2)_7\overset{H}{C}=\overset{H}{C}(CH_2)_7COOH$ | $18:1^{\Delta 9}$ |
| Linoleic acid | $CH_3(CH_2)_4\overset{H}{C}=\overset{H}{C}-CH_2-\overset{H}{C}=\overset{H}{C}(CH_2)_7COOH$ | $18:2^{\Delta 9,12}$ |
| α-Linolenic acid | $CH_3CH_2\overset{H}{C}=\overset{H}{C}-CH_2-\overset{H}{C}=\overset{H}{C}-CH_2-\overset{H}{C}=\overset{H}{C}(CH_2)_7COOH$ | $18:3^{\Delta 9,12,15}$ |
| Arachidonic acid | $CH_3(CH_2)_3\left(CH_2-\overset{H}{C}=\overset{H}{C}\right)_4-(CH_2)_3COOH$ | $20:4^{\Delta 5,8,11,14}$ |

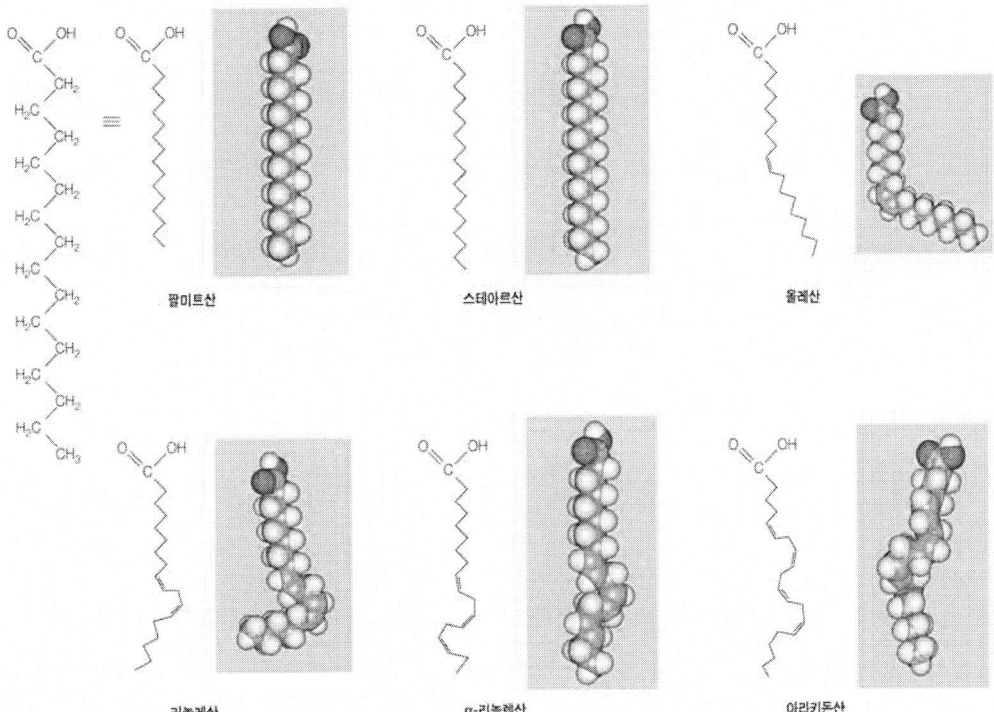

팔미트산    스테아르산    올레산

리놀레산    α-리놀렌산    아라키돈산

[참고] 아이코사노이드 및 프로스타글란딘
    (1) 아라키돈산의 유도체로 강력한 호르몬과 같은 생물학적 활성을 가짐.
    (2) 프로스타글란딘, 뉴코트리엔, 트롬복산

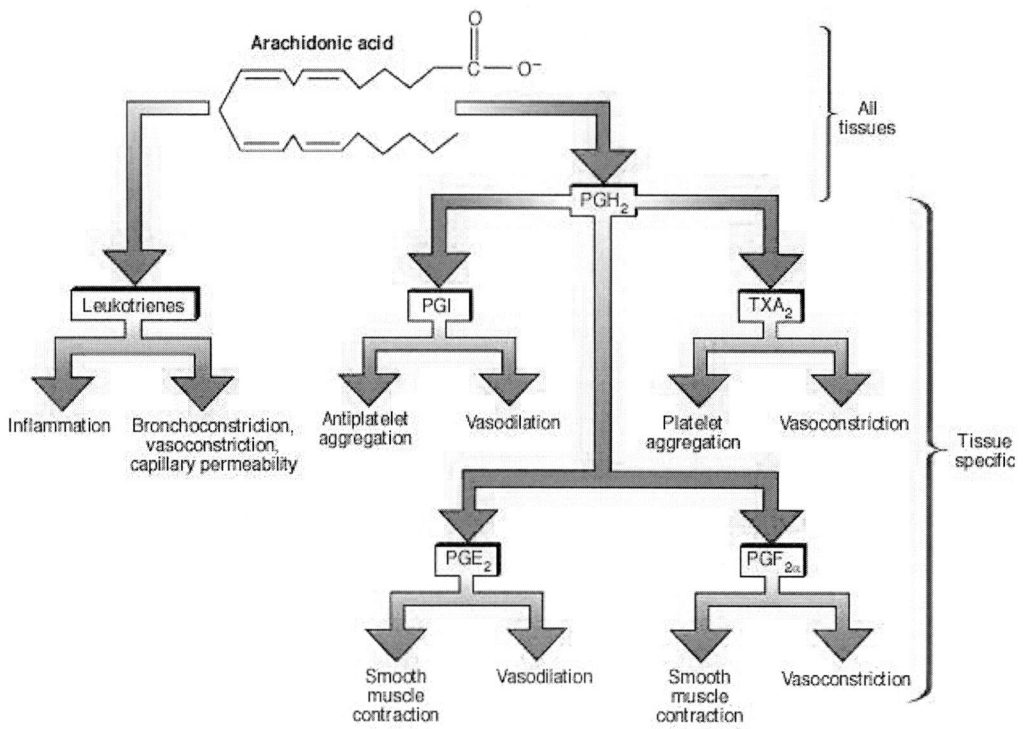

## 3. 중성지방 (Triglyceride, TG)

(1) 한분자의 글리세롤과 3분자의 지방산으로 구성

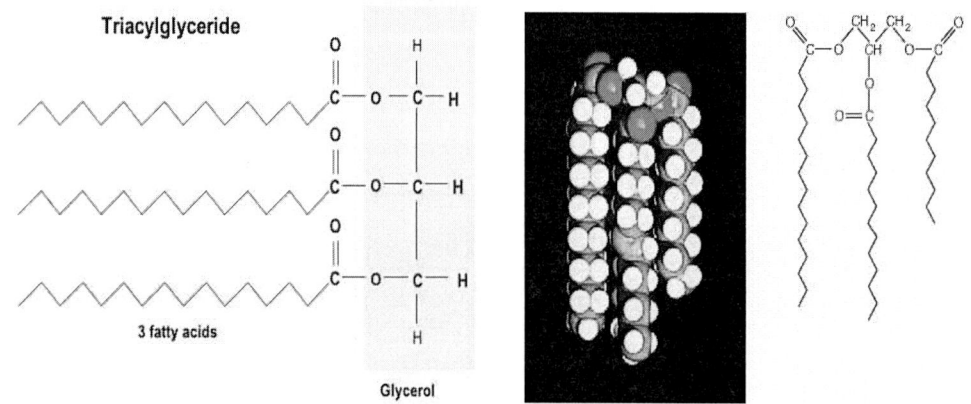

(2) 종류

- 내인성 중성지방

  간에서 합성되어 초저밀도 지단백(피이)의 성분으로 혈중에 방출

- 외인성 중성지방

  장에서 흡수된 모노글리세리드 및 지방산이 장점막세포에서 재합성 후 킬로미크론(Chylomicron)의 성분으로 혈중에 방출

## 4. 인지질

(1) 글리세롤의 3번 탄소에 지방산 대신 인산이 결합한 형태

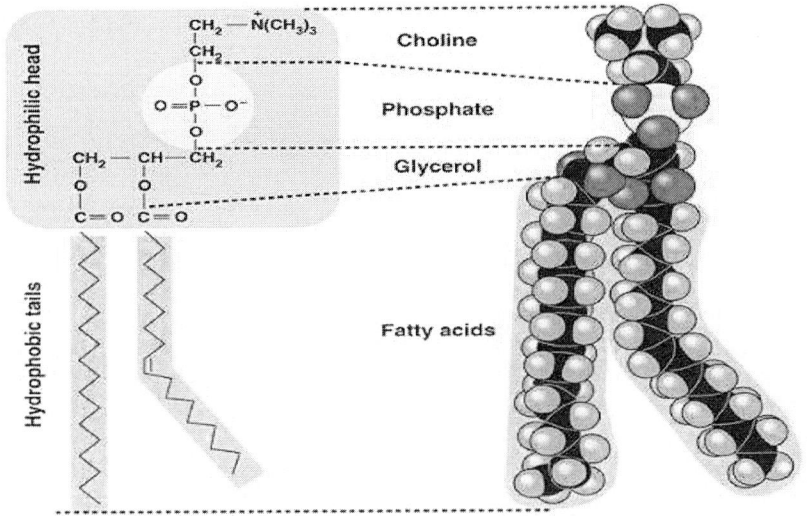

(2) 인산의 종류에 따라서 명명함

　⑩ 콜린, 에탄올아민, 세린

　　→ 포스파티딜콜린, 포스파티딜에탄올아민, 포스파티딜세린

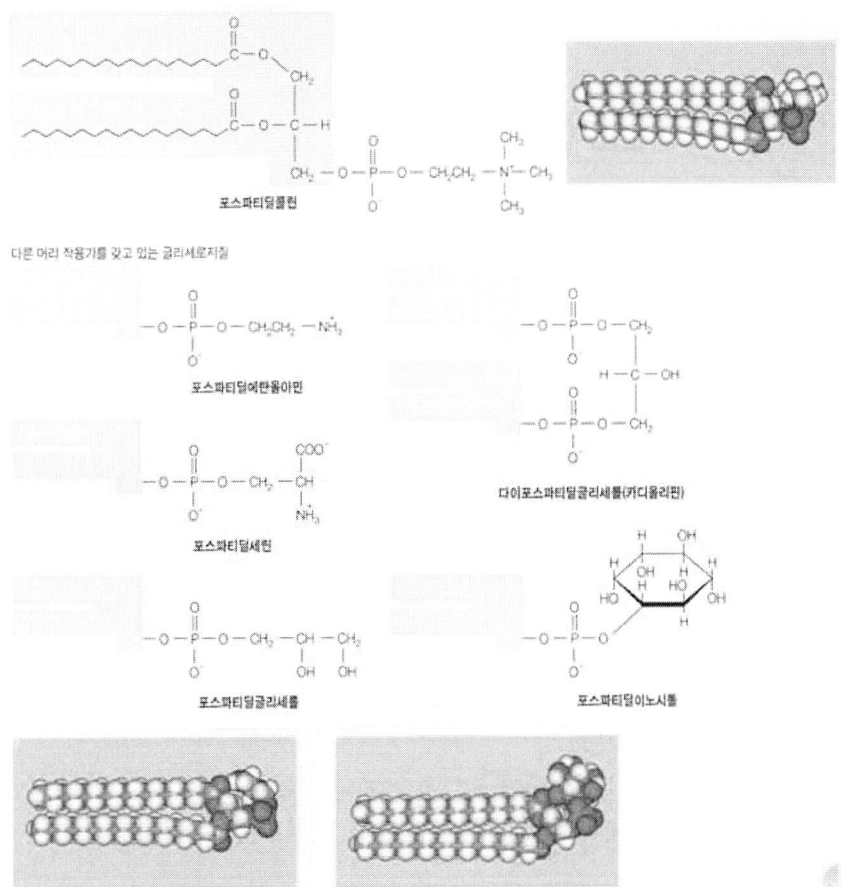

## 5. 콜레스테롤

(1) 모든 스테로이드 화합물의 전구물질
(2) 6각형 고리 3개와 5각형 고리1개로 구성되며, 3번 탄소에 히드록실기(-OH)를 5,6번 탄소사이에 이중결합을 포함하고 있다.

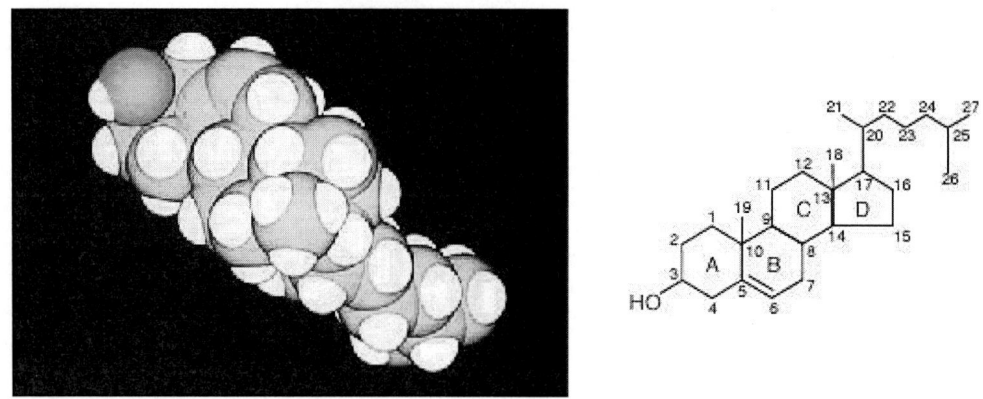

(3) 막성분으로 모든 세포에 존재하며 성선과 부신피질 호르몬의 전구체
(4) 혈청, 혈장내 70%가 에테르화로 존재
(5) 15%가 음식물로부터 나머지는 간이나 십이지장에서 합성됨.

[참고] 지질성분의 생체내 이동 및 대사

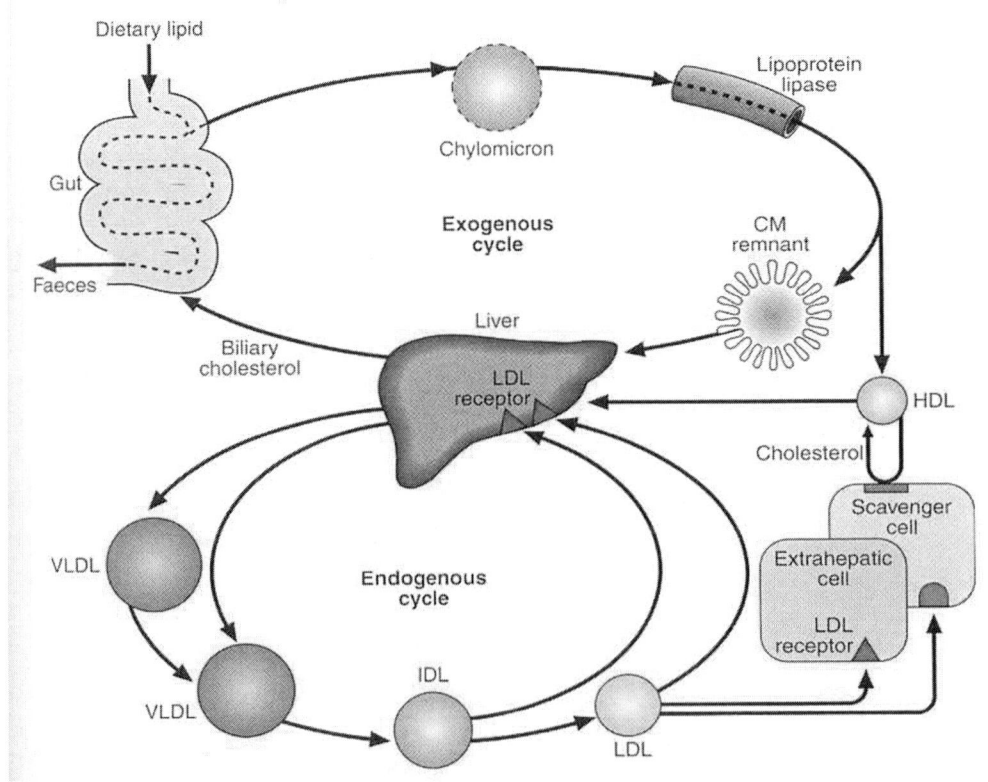

# 【참고문헌】

1. 노태희, 고등 화학 I, 천재교육, 2019

2. 노태희, 고등 화학 II, 천재교육, 2019

3. 박경호 외 옮김, 일반화학의 기초, 청문각, 2018

4. 박경호 외 옮김, 일반화학, 청문각, 2017

5. 양성렬 외 옮김, 의학생화학, 범문에듀케이션, 2013

6. 대학화학교재연구회 옮김, 화학의 이해 6판, 라이프사이언스, 2018

7. 일반화학교재연구회 옮김, 일반화학 2판, 자유아카데미, 2014

8. 강영태 외 공저, 보건계열을 위한 알기쉬운 일반화학, 해진미디어, 2016

9. 임상화학교재편찬위원회, 임상화학 I, II 제2판, 청구문화사, 2016

10. Zum 학습백과   http://study.zum.com

# 【색 인】

- 원자 : 3
- 분자 : 3
- 원소 : 4
- 홑원소물질 : 4
- 화합물 : 4
- 원소기호 : 5
- 화학식 : 6
- 원자량 : 13
- 동위원소 : 13, 39
- 분자량 : 13
- 화학식량 : 14
- 몰(mol) : 14
- 아보가드로수 : 14
- 몰 질량 : 15
- 몰 부피 : 15
- 실험식 : 17
- 분자식 : 17
- 물리적 변화 : 22
- 화학적 변화 : 22
- 화합 반응 : 22
- 분해 반응 : 22
- 치환 반응 : 22
- 복분해 반응 : 22
- 화학 반응식 : 22
- 질량보존법칙 : 25
- 기체반응법칙 : 26
- 화학양론 : 26
- 전자 : 35
- 양성자 : 35
- 중성자 : 36
- 원자번호 : 38
- 질량수 : 38
- 핵력 : 39
- 방사성 동위원소 : 39
- 알파붕괴 : 42
- 베타붕괴 : 42
- 감마붕괴 : 43
- 양전자방출 : 43
- 전자포획 : 44
- 파장 : 51
- 진동수 : 51
- 오비탈 : 54
- 파울리 배타 원리 : 56
- 쌓음 원리 : 56
- 훈트 규칙 : 57
- 원자가 전자 : 57
- 주기율 : 65
- 주기율표 : 65
- 전형원소 : 66
- 전이원소 : 66
- 유효핵 전하 : 68
- 원자 반지름 : 68
- 이온화 에너지 : 69
- 순차적이온화에너지 : 70
- 전기 음성도 : 71
- 옥텟 규칙 : 77
- 이온 결합 : 78
- 공유 결합 : 79
- 루이스 전자점식 : 80
- 비공유 전자쌍 : 81
- 공유 전자쌍 : 81
- 홀전자 : 81
- 배위 결합 : 82
- 결합에너지 : 83
- 결합길이 : 83
- 결합각 : 84
- 전자쌍 반발이론 : 85
- 무극성 공유 결합 : 86
- 극성 공유 결합 : 86
- 쌍극자 : 86
- 쌍극자 모멘트 : 88
- 무극성 분자 : 88
- 극성 분자 : 88
- 산 화 : 101
- 환 원 : 101
- 산화수 : 103
- 산화제 : 104
- 환원제 : 104
- 산 : 104
- 염기 : 104
- 지시약 : 106
- pH : 106
- pOH : 106
- 중화반응 : 107

# 기초일반화학
## Fundamentals of General Chemistry

저 자 | 이 인 수 著

발 행 처 | 에듀컨텐츠휴피아
발 행 인 | 李 相 烈
발 행 일 | 초판 1쇄 • 2019년 2월 28일

출판등록 | 제2017-000042호 (2002년 1월 9일 신고등록)
주 소 | 서울 광진구 자양로 30길 79
전 화 | (02) 443-6366
팩 스 | (02) 443-6376
e-mail | iknowledge@naver.com
web | http://cafe.naver.com/eduhuepia
만든사람들 기획・김수아 / 책임편집・이진훈 황혜영 이지원 김유빈
디자인・유충현 / 영업・이순우

정 가 | 14,000원
ISBN | 978-89-6356-252-0 (93430)

※ 책의 일부 또는 전체에 대하여 무단복사, 복제는 저작권법에 위배됩니다.

[도서검색용 QR코드]